Spielregeln des Erfolgs

Wie Führungskräfte an Rückschlägen wachsen

Karsten Drath

1. Auflage

HAUFE.

Inhalt

Vorwort

Was ist das Geheimnis von langfristigem beruflichem Erfolg? Ist es reine Glückssache, Schicksal, eine logische Folge der sozialen Herkunft, das Resultat überragender intellektueller Fähigkeiten oder von Fleiß? Oder ist Erfolg gar in den Genen vorprogrammiert? Was gibt es hier von erfolgreichen Managern und Unternehmern zu lernen, und wie lässt es sich umsetzen? Und was ist eigentlich der Preis, den man für Erfolg zahlen muss?

Welche Faktoren sind es, die Erfolg behindern und ihm in die Quere kommen? Wie schafft man es, sich von beruflichen Rückschlägen möglichst schnell zu erholen und sogar noch gestärkt aus ihnen hervorzugehen?

Antworten auf all diese Fragen finden Sie in diesem Taschen-Guide. Sie erfahren, wie das Spiel »Big Business« funktioniert und welche Regeln Ihnen dabei helfen, es möglichst gut zu beherrschen. Sämtliche Fakten, die Sie hier nachlesen können, basieren auf wissenschaftlichen Studien verschiedener Forschungsdisziplinen, angereichert mit meinen Erfahrungen aus der Arbeit mit vielen hundert Managern, von denen ein Großteil durchaus als erfolgreich bezeichnet werden kann.

Ich wünsche Ihnen viel Spaß und wertvolle Erkenntnisse bei der Lektüre!

Karsten Drath

Was ist eigentlich Erfolg?

Erfolg ist ein schillernder Begriff und so verlockend, dass viele alles geben würden für ihren Weg nach oben. Doch wie wird man erfolgreich, und wie bleibt man es auch?

In diesem Kapitel erfahren Sie u. a.,

- welche Persönlichkeitseigenschaften besonders erfolgversprechend sind,
- was sich von Managern, die es bereits geschafft haben, lernen lässt,
- was Sie brauchen, um dauerhaft erfolgreich zu sein.

Erfolg im Job – eine Annäherung

Will man die Spielregeln des Erfolgs untersuchen, gilt es zunächst einmal zu verorten, was Erfolg, genauer gesagt: beruflicher Erfolg, eigentlich ist. Das scheint auf den ersten Blick einfach zu sein. Bei näherer Betrachtung bestätigt sich dieser Eindruck nicht. So lässt sich Erfolg z. B. als das Erreichen von Zielen oder als Summe richtiger Entscheidungen umschreiben. Aber trifft das schon die Essenz? Und vor allem: Sind diese Definitionen universell zutreffend? In der Psychologie wird Erfolg in objektive und subjektive Aspekte unterteilt.

- Objektive Aspekte des Erfolgs sind von außen erkennbar und orientieren sich an gesellschaftlichen Normen und Erwartungen. Dazu zählen z. B. Geld, Einfluss und Status.

- Dagegen orientieren sich seine subjektiven Aspekte eher an den Werten und Überzeugungen des Einzelnen, wie z. B. Selbstverwirklichung und Sinnhaftigkeit des Handelns.

In einer Studie für dieses Buch wurden über 200 Manager, Unternehmer und Mitarbeiter aus verschiedenen Ländern des deutsch- und englischsprachigen Sprachraums u. a. gebeten, aus einer Liste mit 26 objektiven und subjektiven Erfolgsfaktoren ihre persönlichen Top-10-Merkmale für beruflichen Erfolg zu identifizieren. Zur Vereinfachung habe ich die einzelnen Bewertungen in folgende Cluster unterteilt.

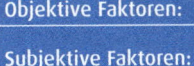

Objektive Faktoren:	Status, Macht, Geld
Subjektive Faktoren:	Sinn, Gestalten, Wachstum Entwicklung, Balance, Zeit

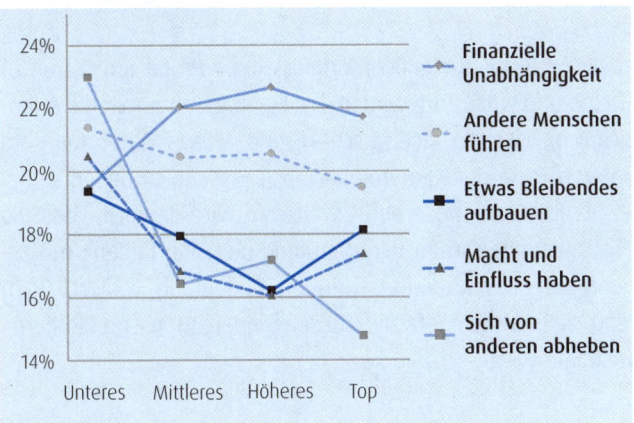

Die Relevanz objektiver Faktoren abhängig vom Managementlevel

Bei den objektiven Faktoren fällt zunächst auf, dass sich die Bedeutung des »Sich von anderen Abhebens« mit zunehmendem Karrierelevel offensichtlich relativiert (siehe Grafik).

Ist das Bedürfnis nach Status also erst einmal befriedigt, tritt es schnell in den Hintergrund. Ähnliches gilt für den Faktor »Macht und Einfluss haben«. Anders sieht es aus bei dem Aspekt der finanziellen Unabhängigkeit. Dieser nimmt mit fortschreitender Karriere stets zu und spielt auch im Topmanagement noch die größte Rolle, gemeinsam mit dem Faktor »Glücklich sein«, wie wir noch sehen werden. »Andere Menschen führen« spielt über alle Level hinweg eine gleichbleibend wichtige Rolle. Im höheren Management kommt zudem der Faktor »Andere Menschen fördern« als bedeutsam hinzu. Auch hierzu erfahren Sie später noch mehr.

Im Bereich der subjektiven Erfolgskriterien rund um Sinn, Gestalten und Wachstum wird in den Ergebnissen zur Studie offensichtlich, dass die idealistische Größe »Etwas Gutes tun« am unteren Ende der Karriereleiter noch wesentlich bedeutsamer ist als im Topmanagement. Weiterhin wird deutlich, dass die eher abstrakte Dimension »Berufung und Sinn finden« mit zunehmendem Karrierefortschritt an Bedeutung verliert, während die eher konkrete Dimension »Andere Menschen fördern« wichtiger wird.

Bei den subjektiven Faktoren rund um die Aspekte Entwicklung, Balance und Zeit drängt sich der Eindruck einer wachsenden Fokussierung hin zum Job auf. Sowohl die Bedeutung von »Gesund sein« als auch die Aspekte »Zeit für mich haben« bzw. »Zeit für meine Familie haben« nehmen in Relation zum Karrierelevel teilweise deutlich ab.

Alles eine Frage der Relation?

Beruflicher Erfolg hat sowohl mit dem Erreichen von individuellen als auch von gesellschaftlichen Zielen zu tun. Was allerdings als Messlatte dafür angelegt wird, unterscheidet sich deutlich nach Karrierelevel und wohl auch nach der jeweiligen

Lebensphase. Dabei sind gesellschaftliche Ziele von ihrer Natur her relativ, d. h., sie orientieren sich an anderen. Wie der Volksmund weiß, kommt Reichtum entweder von viel haben oder von wenig brauchen. Wie viel materieller Wohlstand und Lebensstandard also nötig sind, um sich als erfolgreich im Vergleich zu anderen zu fühlen, ist von verschiedenen Faktoren abhängig. Zum einen ist die Peergroup an sich entscheidend, die man für sich wählt. Damit ist die Gruppe Menschen in vergleichbaren Lebenssituationen gemeint, zu denen man gerne gehören möchte. Es liegt im sozialen Wesen des Menschen begründet, sich zu einer Peergroup zugehörig fühlen zu wollen. Dies war in der Evolution des Menschen buchstäblich überlebenswichtig und ist es auch heute noch, nur eben im sozialen Sinne.

BEISPIEL

Während die relevante Peergroup z. B. für Studenten noch die Kommilitonen sind, sind es für Berufstätige zunächst die anderen Berufseinsteiger, später dann die Kollegen bzw. andere Manager. Auch Nachbarn und Freunde können Peergroups sein.

Neben der Peergroup an sich ist auch die Position wichtig, in der man sich relativ zu dieser konstruierten gesellschaftlichen Gruppierung wähnt bzw. die man innehaben möchte. Strebt man die Zugehörigkeit zu einer Gruppe an, sieht man sich selbst aber noch nicht dort? Oder ist man Teil davon und möchte es bleiben? Oder möchte man sich von einer Gruppe nach oben hin abheben? Warum wir nach einer solchen Positionierung streben, ist zum Teil sicherlich in unseren individuellen

Persönlichkeitseigenschaften begründet. Andere Aspekte sind z. B. das regionale Umfeld, in dem man sich bewegt. Was in der Provinz als gehobener Lebensstandard gelten mag, wird in Deutschlands Hochpreis-Städten Frankfurt, München und Hamburg noch nicht mal unterer Durchschnitt sein. Halten wir also fest: Die vermeintlich objektiven Aspekte von Erfolg sind eigentlich keine, denn sie orientieren sich am sozialen, gesellschaftlichen und nicht zuletzt auch am regionalen Parkett, auf dem man sich bewegt.

Die individuellen oder subjektiven Aspekte wie Zufriedenheit und Selbstverwirklichung sind da schon eher als unabhängige Größe zu sehen. Jedoch spielt auch hier die jeweilige Peergroup eine Rolle. So macht der Vergleich mit anderen Kollegen aus einem leicht übergewichtigen, jedoch sportlichen, mit seinem Körper prinzipiell zufriedenen Manager wahlweise ein Sport-Ass oder eine schnaufende Dampflokomotive – eben je nach Peergroup.

> Vielleicht fühlten wir uns alle viel erfolgreicher und wären zufriedener, wenn wir uns weniger mit anderen Menschen vergleichen würden.

Die Basis des Erfolgs

Die Studienteilnehmer wurden auch hinsichtlich der Eigenschaften bzw. Fähigkeiten befragt, die es braucht, um nachhaltig beruflich erfolgreich zu sein. Dabei sollten sie aus 30 Faktoren die wichtigsten Aspekte auswählen, die aus ihrer Erfahrung die Basis für eine erfolgreiche Karriere bilden. In der folgenden Grafik sind die Attribute und Skills dargestellt, die aus Sicht der Manager im oberen Karrieresegment von zentraler Bedeutung sind.

Eigenschaften und Fähigkeiten für langfristigen beruflichen Erfolg

Erwartungsgemäß sind zwischenmenschliche Aspekte wie »Empathie«, »Zuhören können«, »überzeugendes Auftreten« und »Andere begeistern« für die Befragten sehr wichtig. Ebenso einleuchtend erscheint, dass »Fachkenntnisse« und »Intelligenz« zu den obersten Rängen gehören. Weniger offensichtlich mag es hingegen erscheinen, dass Aspekte wie das »Bedürfnis zu führen« und »Durchsetzungsvermögen« von vielen nicht als eine übermäßig bedeutsame Voraussetzung für einen erfolgreichen Manager angesehen werden.

Wie ich in den folgenden Kapiteln noch zeigen werde, hat beruflicher Erfolg viel damit zu tun, persönliche Rückschläge und Krisen erfolgreich und konstruktiv zu bewältigen. Dies wird auch hier bereits deutlich, denn »Widerstandsfähigkeit«, »Resilienz« und »Selbstreflexion« befinden sich unter den Top-Erfolgsattributen.

Erfolg sieht von innen anders aus als von außen

Denken Sie an einen wirklich erfolgreichen Menschen. Wer fällt Ihnen spontan ein? Vielleicht sind es die Namen bekannter Manager oder Unternehmer, die Ihnen in den Sinn kommen. Von außen, durch die Brille der Medien betrachtet, sieht Erfolg meist einfach und geradlinig aus. Das liegt daran, dass wir dazu neigen, vom aktuellen Erfolgsniveau auf die Vergangenheit einer Person zu schließen. Wir setzen es schlicht voraus, dass der Erfolgreiche schon immer für den Erfolg bestimmt war. Dieses Phänomen wird in der Psychologie auch als Recency-Effekt bezeichnet, d. h., aktuelle Geschehnisse, wie eben die Popularität eines Menschen, prägen unsere Erwartungen an die Ereignisse, die weiter zurückliegen, wie z. B. die Anfänge einer Karriere.

In meiner Arbeit als Executive Coach habe ich mit vielen hundert Managern gearbeitet, die durchaus als erfolgreich bezeichnet werden können. Ich kann Ihnen versichern, dass hinter verschlossenen Türen die individuelle Sicht auf den eigenen Erfolg durch die Bank weg anders aussieht. Die Außenwahrnehmung dieser Menschen, die »es geschafft haben« entspricht nicht der eigenen Wahrnehmung. Hier stehen vor allem aktuelle oder bereits bewältigte Krisen, Hindernisse oder Rückschläge im Vordergrund, die den Erfolg bedrohen und infrage stellen. Die Manager sehen ihren Erfolg keineswegs als selbstverständlich oder gar gottgegeben an, sondern vielmehr als etwas, das von heute auf morgen in Gefahr sein kann. Die meisten von ihnen haben zahlreiche kritische Karrieresituationen durchlebt, die durchaus das Potenzial hatten, ihrer Erfolgssträhne ein jähes Ende zu bereiten.

Kritische Karrieresituationen

Nach Untersuchungen des Center for Creative Leadership, kurz: CCL, einer internationalen Organisation zur Fortbildung von Managern, erleben rund zwei Drittel aller Führungskräfte in den westlichen Industrienationen im Lauf ihrer Karriere eine Krise, oder es gibt einen Knick bzw. zumindest eine dunkle Stelle, die später in Erzählungen meist gut vertuscht wird. Im günstigsten Falle werden sie nur weggelobt, oft aber sinken sie in der Hierarchie ab, verlieren Macht und Einfluss – und häufig genug auch ihren Job. Während der Recherche für dieses Buch befragte ich knapp 100 Führungskräfte nach ihren Erfahrungen mit diesen kritischen Karrieresituationen, d. h. nach Entwicklungen, die das Potenzial hatten, ihre berufliche Entwicklung zu gefährden, zu schädigen oder gar zu beenden. Die Ergebnisse bestätigen dabei die Angaben von CCL und verstärken diese sogar noch. Von den Befragten hatten bereits 95 % solche Situationen selbst durchlebt oder haben sich davon bedroht gesehen. Im Durchschnitt ereigneten sich pro Interviewtem solche Situationen 2,8 Mal. Und sie gingen davon aus, dass knapp 60 % der Manager in ihrem Umfeld, also aus ihrer Peergroup, bereits ebenfalls eigene Erfahrungen mit solchen kritischen Karrieresituationen gemacht haben.

Es gibt viele Gründe, warum Manager in ihrer Karriere Rückschläge erleben oder ungeplant einen kritischen Punkt in ihrer Entwicklung erreichen. Die meisten haben damit zu tun, dass in vielen Unternehmen Veränderungen immer schneller passieren – Ereignisse, auf die der Einzelne keinen Einfluss hat.

BEISPIEL

> Mentoren verlassen die Firma, der Bereich wird reorganisiert oder mit einem anderen verschmolzen, ein Thema ist auf einmal nicht mehr strategisch, der neue Chef möchte einen eigenen Kandidaten platzieren, das persönliche Netzwerk eines Managers verliert durch einen Wechsel an entscheidender Position an Bedeutung ...

Die Daten sprechen hier eine deutliche Sprache: Mehr als zwei Drittel aller Manager sind davon betroffen. Langfristiger beruflicher Erfolg hat daher offensichtlich viel damit zu tun, solche kritischen Karrieresituationen möglichst gut zu überstehen und sich davon nicht verunsichern, verbittern oder vom eigenen Weg abbringen zu lassen.

Manche scheitern aber nur vordergründig an diesen unvermeidbaren Entwicklungen auf dem Spielfeld. Denn oftmals liegen die Ursachen für eine berufliche Krise, zumindest teilweise, auch in den Eigenschaften und Verhaltensweisen der jeweiligen Führungskraft begründet. Diese Führungskräfte haben als Teil ihrer Persönlichkeit Denk- und Verhaltensmuster entwickelt, die sie buchstäblich entgleisen lassen. Ihr Selbstmanagement reicht nicht aus, um diese Muster in ausreichender Weise zu steuern. Vielmehr werden sie unter Druck und Stress von ihren Mustern gesteuert. Im Kapitel »Was Führungskräfte entgleisen lässt« werde ich noch näher darauf eingehen.

Während der Recherche für dieses Buch befragte ich Manager u. a. danach, wer aus ihrer Sicht Verantwortung für ihre kritischen Karrieresituationen trug: Wer war schuld an der Krise? War es ausschließlich der hinterlistige Chef? Oder gibt es da auch einen Anteil, der auf die eigene Kappe ging? Die Ergebnisse zeugen von hoher Selbsterkenntnis unter den Befragten. Die hochrangigen Führungskräfte sahen 50 bis 70 % der Verantwortung für solche Situationen bei sich selbst, während Führungskräfte im unteren und mittleren Management dies nur zu 10 bis 50 % so einschätzten. Niemand ging davon aus, keinerlei Eigenanteil an der Karrierekrise zu haben. Langfristiger beruflicher Erfolg hat vor allem damit zu tun, Karrierekrisen gut zu überstehen. Wenn die Verantwortung für die Krisen allerdings zu einem relevanten Teil in der eigenen Person zu suchen ist, dann gelingt eine Überwindung der Krise nur, wenn eine Führungskraft aus ihren eigenen Erfahrungen und Fehlern lernt. Und das wiederum erfordert einiges an Selbstreflexion. Welche Eigenschaften dazu nützlich sind, zeigt die Betrachtung von langfristig erfolgreichen Managern.

Eigenschaften erfolgreicher Manager

Jim Collins, ein US-amerikanischer Management-Experte, und sein Kollege Morten T. Hansen, Professor für Management an den Business Schools Berkeley, Harvard und INSEAD, haben bei den Arbeiten zu ihrem viel beachteten Buch »Great by Choice« zahlreiche Unternehmen untersucht, die über einen langen Zeitraum wesentlich, d. h. mindestens zehn Mal besser, abschnitten als vergleichbare Firmen derselben Branche. Sie fragten sich: Sind diese Unternehmen anders geführt? Welche Faktoren von Führung erhöhen den Wirkungsgrad und sorgen so für eine hohe Anpassungs- und Wettbewerbsfähigkeit in einer globalisierten Wirtschaft, deren Dynamik sich immer weniger vorhersagen lässt? Was unterscheidet die Führungsetagen der Unternehmen, die außerordentlich erfolgreich abschneiden, von denen, die sich weniger gut entwickeln?

Die Untersuchung ergab, dass die Firmenchefs der erfolgreichsten Unternehmen nicht risikofreudiger, nicht mutiger oder visionärer und auch nicht kreativer als ihre Vergleichspartner waren. Auch hatten sie nicht einfach mehr Glück als ihre weniger erfolgreichen Kollegen. Die beiden Wissenschaftler fanden heraus, dass die Topmanager der untersuchten Firmen, die am erfolgreichsten waren, sich durch folgende Eigenschaften von den übrigen Firmenlenkern unterschieden.

- **Akzeptanz der Umstände:** Erfolgreiche Manager verstehen, dass sie einer permanenten Unsicherheit ausgesetzt sind und dass sie bedeutende Vorkommnisse, die in der Welt um sie herum geschehen, weder kontrollieren, noch exakt vorhersehen können.

- **Kontrollüberzeugung (Locus of Control):** Den erfolgreichsten Führungskräften war der Gedanke fremd, dass zufällige Ereignisse oder andere Faktoren außerhalb ihrer Kontrolle das Erreichen ihrer Ziele beeinflussen könnten. Sie sahen die Verantwortung für die Geschicke der Firma und für ihr eigenes Schicksal stets bei sich.

- **Lösungsorientierung:** Die stärksten der Manager waren bereit, trotz sämtlicher Widrigkeiten, alles in ihren Kräften Stehende zu tun, um sich auf ihre Ziele zu fokussieren. Sie hatten einen unbeugsamen Willen, diese zu erreichen, was überwiegend auch zum Erfolg führte.

- **Erwartung von Schwierigkeiten:** Den Managern der Top-7-Unternehmen war die Eigenschaft gemein, in wirtschaftlich schlechten, aber vor allem auch in guten Zeiten, wachsam zu bleiben und das plötzliche, unerwartete Auftreten von Veränderungen, Krisen oder Bedrohungen als normal und wahrscheinlich anzusehen. Durch ihre schon fast paranoide Wachsamkeit waren sie auf plötzliche Veränderungen besser vorbereitet als die anderen Manager.

- **Werteorientierung und Disziplin:** Die Manager mit der besten Firmenperformance zeichneten sich alle durch ein ausgeprägtes Wertesystem aus sowie durch ein starkes Streben danach, das eigene Handeln konsequent mit den Werten in Einklang zu bringen. Diese Disziplin diente ihnen als innerer Kompass und sorgte dafür, dass sie auch bei großer Unsicherheit der Umgebungsfaktoren nicht von ihrem Kurs abkamen.

- **Innere Autonomie:** Die Top-7-Manager hatten ein hohes Maß an innerer Autonomie gemein, wenn es um die Einschätzung der aktuellen Situation und die Ableitung von Lösungsansätzen ging. Sie stützten sich dabei weder auf allgemein vorherrschende Meinungen, noch orientierten sie sich vorrangig daran, was andere tun oder lassen. Indem sie sich auf ihre eigene, auf Fakten und Erfahrung beruhende Einschätzung der Situation verließen, waren sie in der Lage, mutige, kreative Entscheidungen zu treffen. Sie waren aber ebenso willens, diese unkonventionellen Lösungsansätze komplett infrage zu stellen, wenn ihre Einschätzung der Lage es erforderte. Diese oft nonkonformistische Vorgehensweise brachte ihnen teils harsche Kritik ein, konnte sie aber nicht von ihrer Meinung abbringen.

- **Sinn:** Die erfolgreichsten Manager fühlten sich etwas Höherem verpflichtet und setzten ihre Energie und ihren Ehrgeiz vor allem ein, um eine Mission zu erreichen oder um ihr Unternehmen bzw. die Gesellschaft weiterzubringen, nicht aber ausschließlich zu ihrem eigenen Vorteil. Die Überzeugung, dass die eigenen Anstrengungen einem sinnvollen höheren Ziel dienten, wappnete sie gegen die Folgen von Schwierigkeiten, mit denen sie konfrontiert wurden.

All dies zeigt: Langjähriger Erfolg von Managern ist kein Zufall.

Wie erfolgreiche Karrieren funktionieren

Gillian Zoe Segal, eine New Yorker Autorin, hat über fünf Jahre viele in den USA erfolgreiche Persönlichkeiten interviewt. In den Gesprächen interessierte sie sich vor allem dafür, wie diese Erfolgsgeschichten hinter der Fassade aussehen, welche Klippen es zu umschiffen, welche Hürden es zu überwinden galt. Sie kommt in ihrem sehr lesenswerten Buch »Getting There« auf sieben wesentliche Faktoren, die ihre 30 Interviewpartner gemeinsam haben.

- **Sie kennen und berücksichtigen ihren »Circle of Competence«:** Sie kennen ihre Stärken und Schwächen und berücksichtigen diese bei ihrer Berufswahl und der Gestaltung ihrer Karriere. Neben einem gesunden Selbstbewusstsein braucht es also Selbstreflexion und ein kleines Quäntchen Demut, um zu erkennen, dass man nicht in allem gleich gut ist. Die Interviewpartner von Segal haben die Fähigkeiten erkannt, die sie von anderen unterscheiden. Dies war zum Teil ein sehr langwieriger Prozess. Weiterhin haben sie konsequent ihre Schwächen bzw. die Eigenschaften, die ihnen fehlen, durch ein gutes Team um sich herum kompensiert.

- **Sie nutzen ihre Leidenschaft und haben Stehvermögen:** Erfolgreich zu sein, hat laut Segals Interviewpartnern viel damit zu tun, sich einer Sache ganz und gar zu verschreiben, Menschen dafür zu begeistern, Hindernisse zu überwinden, Zurückweisungen und Niederlagen wegzustecken sowie mit den eigenen Ängsten und Unsicherheiten umzugehen. Um diese Energie über viele Jahre aufzubringen, braucht es Stehvermögen und die Hingabe für das, was man tut. Das kann von außen durchaus wie Besessenheit aussehen, denn es geht darum, stets sein Bestes zu geben und nicht nur Dienst nach Vorschrift zu leisten. Nicht als Antrieb für dauerhaften Erfolg eignen sich das Streben nach Geld allein oder nach der Erfüllung von gesellschaftlichen Konventionen oder der Wünsche von anderen.

- **Ihre Karrierepfade sind flexibel:** Erfolg hat nach Segal nicht so sehr damit zu tun, einem internen Masterplan möglichst konsequent zu folgen, sondern vielmehr damit, Gelegenheiten zu nutzen, die einem das Leben mehr oder weniger subtil bietet. Ist die Vorstellung von der eigenen Karriere zu starr, lässt man womöglich einmalige Gelegenheiten links liegen. So gründete z. B. Michael Bloomberg sein Unternehmen für Finanzinformationen rückblickend betrachtet nur, weil er bei der Investmentbank Salomon Brothers entlassen wurde.

- **Sie schaffen sich ihre eigenen Gelegenheiten:** Keiner der Interviewpartner hat darauf gewartet, von jemand anderem entdeckt zu werden. Sie hielten sich nicht an klassische Karrierepfade, sondern schufen ihre eigenen. Mit teilweise sehr unkonventionellen Methoden, durch das bewusste Eingehen von Risiken und durch ein hohes Maß an Opferbereitschaft haben sie Gelegenheiten geschaffen, von Vorgesetzten, Geschäftspartnern und Kunden wahrgenommen zu werden, um schließlich ins Geschäft zu kommen.

- **Sie stellen alles infrage:** Alle Interviewpartner von Segal haben die Eigenschaft gemeinsam, sich nicht an Konventionen und etablierte Strukturen zu halten, sondern sie zu ignorieren. Dass etwas schon immer auf eine gewisse Art und Weise gemacht wurde, bedeutet schließlich nicht, dass es so optimal ist. So brauchte Gary Hirshberg, der Erfinder einer der ersten Bio-Lebensmittelmarken in den 1970er Jahren, ganze neun Jahre, um mit seinem Konzept profitabel zu sein. Der Markt war anfangs einfach noch nicht bereit für Bio-Lebensmittel. Also musste er erst viel von der Grundlagenarbeit leisten, die später einen riesigen Industriezweig schuf.

- **Sie lassen sich nicht von Versagensängsten abbringen:** Viele der Interviewpartner von Segal wuchsen in ärmlichen oder anders schwierigen Verhältnissen auf. Dies führte bei ihnen zu einer sehr früh entwickelten Selbstständigkeit und zu der Erkenntnis, dass ohne Geld nichts geht. Deshalb fingen sie früh mit Ferien- oder Abendjobs an und arbeiteten hart, um sich und ihre Familie zu finanzieren. Viele verkauften Produkte oder Dienstleistungen von Tür zu Tür und hatten mit sehr viel Zurückweisung und Widerstand zu kämpfen. Andere mussten in ihrer Jugend traumatische Erlebnisse, wie z. B. den Vietnam-Krieg, durchleben. Solche und ähnliche Erfahrungen waren für alle prägend. Sie schufen eine andere Perspektive auf das Leben an sich. Sie relativierten ihre Einstellung zum Eingehen von Risiken und Zulassen von Verletzbarkeit sowie zur Angst, im Berufsleben zu scheitern.

- **Sie sind resilient:** Diese Eigenschaft ist laut Segal die wichtigste von allen. Alle erfolgreichen Personen, die sie im Laufe der Jahre interviewte, hatten mehrere schlimme Rückschläge zu verkraften. Sie verloren ihren Job, machten Konkurs, hatten Trennung und Scheidung zu verkraften, wurden von Investoren in letzter Minute hängengelassen etc. Und doch gelang es ihnen schließlich irgendwie, immer wieder auf die Füße zu kommen. Aus den Interviews wird deutlich, dass Erfolg zu einem großen Teil damit zu tun hat, einmal öfter aufzustehen, als man vom Leben auf die Bretter geschickt wurde.

Sicherlich ist diese Liste nicht vollständig und zudem eher US-amerikanisch geprägt, doch sie ist ein guter Ansatzpunkt, um die eigene Motivation und Geisteshaltung zu hinterfragen. Natürlich spielt auch Glück eine zentrale Rolle, also das Element von »zur richtigen Zeit am richtigen Ort sein«. Allerdings muss man Chancen auch ergreifen, wenn sie sich einem bieten. Auch der emotionale Rückhalt durch den Lebenspartner und die Familie spielt eine wichtige Rolle, wenn es darum geht, Rückschläge zu verkraften. Je weiter Führungskräfte in ihrer Karriere fortschreiten, desto mehr muss die ganze Familie dieses Engagement mittragen, denn der Preis dafür ist erheblich.

Gute Führung, gute Ergebnisse

Gute Führung ist heute anspruchsvoller, als sie es früher war. Im heutigen Wettbewerb kann nur derjenige bestehen, der seine Mannschaft dazu bekommt, nicht nur Dienst nach Vorschrift zu tun und auf Vorgaben von oben zu warten. Nach Jahrzehnten der Prozessoptimierung, Restrukturierung und zahlreichen Runden von Stellenabbau werden die Motivation und das selbstständige Denken der Mitarbeiter immer wichtiger für den nachhaltigen Unternehmenserfolg in einem unsicheren Marktumfeld. Doch um dies zu erreichen, muss man die Herzen der Mitarbeiter auf emotionaler Ebene erreichen.

Dass gute Führung und das emotionale Mitnehmen der Mitarbeiter Unternehmen langfristig erfolgreich machen, lässt sich nachweisen. So hat z. B. der Gütersloher Medienkonzern Bertelsmann, eines der weltweit größten Medienunternehmen, seine 220 Tochterunternehmen in einer Untersuchung nach Güte und Qualität der Führung eingestuft. Dabei hat es das Hauptaugenmerk darauf gelegt, inwieweit die Mitarbeiter sich mit den Firmenzielen und ihrem Management identifizieren können. Die Ergebnisse wurden dem Gewinn des Unternehmens gegenübergestellt. Daraus wurde deutlich sichtbar, dass gute Führung mit hoher Identifikation der Belegschaft und einem guten Unternehmensergebnis zusammenhängt. Langfristiger Erfolg lässt sich also zumindest teilweise von der individuellen Einstellung, inneren Haltung und Überzeugung von Managern sowie ihrer Art, die Mitarbeiter zu führen, ableiten.

Die alte Frage: angeboren oder erlernbar?

Was hat langfristiger Erfolg eigentlich mit der Persönlichkeit einer Führungskraft zu tun, also mit ihren grundlegenden Verhaltenspräferenzen? Ist Erfolg gar in unserem genetischen Code hinterlegt? Was zunächst abwegig klingen mag, ist es tatsächlich nicht. 2012 wurde in einer Zwillingsstudie nachgewiesen, dass die Ausprägung der Gensequenz RS4950 zu rund 25 % vorhersagen kann, ob jemand einmal eine Führungsposition innehaben wird. Aber unsere DNA ist nicht das, was uns allein ausmacht. Die Persönlichkeit eines Menschen besteht zwar zu rund 50 % aus der genetischen Disposition, entstammt jedoch auch der Prägephase eines jeden Menschen, d.h. den Lebenserfahrungen in den ersten sieben Jahren.

Was uns ausmacht: Traits, States und Habits

Die Zusammenhänge von Persönlichkeit und Verhaltensmustern in bestimmten Situationen vollzieht die Persönlichkeitspsychologie nach. Das ist ein Zweig der Psychologie, der sich mit der Beschreibung und Unterscheidung einzelner psychologischer Merkmale und komplexer Persönlichkeitseigenschaften beschäftigt, die im Englischen auch als Traits bezeichnet werden. Eine solche Eigenschaft kann bestimmte über die Zeit gleichbleibende Aspekte des Verhaltens einer Person in bestimmten Situationen beschreiben und vorhersagen. So dient etwa die Persönlichkeitseigenschaft »Extraversion« u.a. der Beschreibung und Vorhersage der Verhaltensaspekte »Geselligkeit«, »Gefühlswärme«, »Dynamik« und »Vertrauensbereitschaft« in Situationen, die mit der Begegnung und Kommunikation mit anderen Menschen zu tun haben.

Aber nicht nur die Traits bestimmen das Verhalten einer Person. Auch die aktuelle Stimmung bzw. der momentane Gemütszustand kann einen starken Einfluss auf das Verhalten in einer

bestimmten Situation haben. So kann eine sonst eher ausge-
glichene Person z. B. bei einem Unfall des Lebenspartners vor-
übergehend alle Merkmale eines eher neurotischen Menschen
aufweisen. Nachdem sie sich dann wieder gefangen hat, wird
sie jedoch wieder alle Merkmale einer ausgeglichenen Person
zeigen. Diese vorübergehende Veränderung des Gemütszu-
standes wird im Englischen als State bezeichnet.

Eine weitere nicht unerhebliche Einflussgröße ist das erlernte
Verhalten, insbesondere in Bezug auf die Arbeitsumgebung.
So hat so mancher erfahrene Mitarbeiter gelernt, auf Unan-
genehmes nicht sofort »aus dem Affekt heraus« zu reagieren,
sondern erst einmal »eine Nacht darüber zu schlafen«. Diese
Anpassung an die (Unternehmens-)Umwelt wird im Englischen
als Habit bezeichnet.

Alle drei Faktoren, also Traits, States und Habits, beeinflussen
das beobachtbare menschliche Verhalten. In der Persönlichkeitspsychologie geht es daher darum, zeitstabile Eigenschaften (Traits) von vorübergehenden Gefühlszuständen (States)
und erlerntem Verhalten (Habit) abzugrenzen.

Erfolgversprechende Traits

Gibt es Traits, d. h. zeitstabile Persönlichkeitseigenschaften, die
den Erfolg einer Führungskraft vorhersagen? In einer Studie von
Truity Psychometrics mit 25.759 Teilnehmern wurden unlängst
die Zusammenhänge zwischen Persönlichkeitstyp und ver-

schiedenen Karriereaspekten, wie durchschnittlichem Gehalt und Anzahl der Mitarbeiter, untersucht. Als zugrundeliegende Methodik wurde das sehr populäre Verfahren Myers-Briggs Typen-Indikator (MBTI) verwendet. Hierbei füllt der Proband einen Fragebogen aus und erhält als Resultat seinen MBTI-Typ. Dieser besteht aus vier grundlegenden Hauptklassen, die jeweils einen von zwei Werten annehmen können:

Extraversion (E)	vs.	Introversion (I)
Intuition (N)	vs.	Sensing (S)
Feeling (F)	vs.	Thinking (T)
Judging (J)	vs.	Perceiving (P)

Die Studie ergab, dass die Kombination der Persönlichkeitseigenschaften E, T, J klar vorherrschend ist, wenn es darum geht, wer am meisten verdient und wer die meisten Mitarbeiter führt. Damit lassen sich stark vereinfacht folgende Persönlichkeitseigenschaften als Indikatoren für beruflichen Erfolg beschreiben:

E:	gesellig, arbeitet gerne mit anderen zusammen
T:	rational, Fokus auf Zahlen, Daten und Fakten
J:	strukturierend, gestaltend, organisiert

Die MBTI-Methodik wird von der psychologischen Forschung aufgrund ihrer hohen Fehleranfälligkeit als sehr kritisch eingeschätzt. Dennoch liefern Instrumente, die als sehr viel robuster und belastbarer in ihren Ergebnissen gelten, ganz ähnliche Ergebnisse. Zu dieser Gruppe gehören die Persönlichkeitsinstrumente, die auf der Methodik der »Big Five«, also der großen fünf Persönlichkeitsfaktoren, beruhen. Diese Fragebögen gelten aufgrund der vielen durchgeführten Validierungsstudien heute als Gold-Standard der Persönlichkeitspsychologie.

Allerdings sollte niemand verzagen, der nicht über die erwähnten Persönlichkeitseigenschaften verfügt. Denn zum einen werden hier nur statistische Korrelationen aufgezeigt: Gewisse Persönlichkeitseigenschaften sind bei Führungskräften de facto einfach häufiger vertreten als andere. Das bedeutet aber nicht, dass man ohne diese Eigenschaften nicht auch ein erfolgreicher Manager sein und Karriere machen kann. Zum anderen wohnt Untersuchungsansätzen wie den hier dargestellten ein logischer Fehler inne: Die Untersuchung einer Stichprobe zeigt eine um x % erhöhte Wahrscheinlichkeit, dass z. B. extrovertierte Menschen Führungspositionen innehaben. Daher sollte man individuelle Karriereambitionen nicht von statistischen Häufigkeiten beeinflussen lassen.

> Prinzipiell kann jeder gesunde und gut ausgebildete Mensch Karriere machen, wenn er nur bereit ist, hart genug dafür an sich zu arbeiten.

Vier Wegweiser für den richtigen Weg nach oben

Ein Berufsstand, der sich besonders gut mit den Karrieren von erfolgreichen Managern auskennt, ist der des Personalberaters.

Befragt man Vertreter dieses Berufsstands nach universellen Ratschlägen, die Führungskräfte erfolgreich machen, erhält man meist die etwas vage anmutende Berater-Antwort: »Das kommt ganz darauf an«. Sie antworten so nicht etwa nur aus mangelnder Auskunftsbereitschaft, sondern auch deswegen, weil es tatsächlich darauf ankommt. Jeder Mensch und jede Karriere funktionieren eben anders. Aber, wie so häufig, gibt es auch hier einige universell geltende Erkenntnisse, die Sie darin unterstützen, die eigene Karriereplanung zu überdenken. Dauerhafter beruflicher Erfolg gelingt dann am besten, wenn möglichst viele der folgenden vier Aspekte abgedeckt sind.

- **Werte:** Sind Sie kreativ und haben Sie beständig neue Ideen? Oder halten Sie sich lieber an Pläne und setzen diese in die Tat um? Lieben Sie das Risiko und die Veränderung oder schätzen Sie Sicherheit und Planbarkeit? Wichtig ist, dass das, was Sie tun, dem entspricht, was Ihnen wirklich wichtig ist und was Sie lieben. Die Tätigkeit zu finden, die einen wirklich begeistert, kann mühsam sein, erfordert mitunter jahrelange Suche und landet vielleicht das eine oder andere Mal in einer Sackgasse, die sich erst im Nachhinein als nützlich herausstellt. Doch erfolgreiche Karrieren zeigen, dass Begeisterung für die Sache von elementarer Wichtigkeit ist. Was ist Ihnen wirklich wichtig im Leben?

- **Kompetenz:** Jeder von uns hat Stärken und Schwächen, die Teil unserer Persönlichkeit sind. Nun können wir an unseren Schwächen so lange arbeiten, bis wir sie ausgemerzt haben. Effektiver ist es jedoch, aus unseren Stärken Kapital zu schlagen. Wenn Sie lieber mit Menschen arbeiten als mit Zahlen, sollten Sie vielleicht nicht in der Buchhaltung tätig sein, sondern im Personalbereich. Wenn Sie gerne alleine und ungestört Pläne und Konzepte erdenken, sind Sie vielleicht mehr für Forschung & Entwicklung geeignet als für den Vertrieb. Was Sie tun, sollte also Ihrem Kompetenzbereich entsprechen. Was ist Ihr Kompetenzbereich? Was sind Ihre Stärken, was Ihre Schwächen?

- **Markt:** Welche besonderen Kompetenzen Sie auch haben, wichtig ist, dass es dafür einen Markt gibt und dass Sie diesen finden und für sich erschließen.

BEISPIEL

> Angenommen, Sie haben ein phänomenales Personengedächtnis. Wenn Sie im IT-Support arbeiten, wird Ihnen das relativ wenig nützen. Im Vertrieb hingegen kann diese Fähigkeit Ihren Marktwert erheblich steigern, denn Vertrieb ist Beziehungsarbeit und da ist es sehr hilfreich, den Namen seines Gegenübers sowie Besonderheiten zu seinen Mitarbeitern, Kollegen und Chefs zu kennen.

Es gibt überall zahlreiche Nischen, die man sich erschließen kann. Wo könnten Sie das, was Ihnen wichtig ist und was Sie gut können, optimal zu Markte tragen?

- **Sinn:** Um langfristig in einem Beruf erfolgreich zu sein, um Widerständen zu begegnen und Rückschläge wegstecken zu können, ist es wichtig, in dem, was Sie tun, einen Beitrag zu etwas zu sehen, was Ihnen auf einer höheren Ebene erstrebenswert und gut erscheint. Diese Sinnhaftigkeit erschließt sich oft nicht auf den ersten Blick.

BEISPIEL

> Jemand, dem das Wachstum von Menschen am Herzen liegt, mag einen tieferen Sinn darin sehen, seine Mitarbeiter durch gute Führung, also durch Fördern und Fordern, in ihrer persönlichen Entwicklung zu unterstützen.
>
> Jemand, dem Individualität, Ästhetik und Dynamik ein hohes Anliegen sind, der mag die Arbeit bei einem Hersteller von Sportwagen als erfüllend und ausgesprochen sinnvoll empfinden.

Umgekehrt verhält es sich, wenn sich ein Karriereabschnitt als nicht sinnhaft herausstellt oder der Sinn allmählich schwindet.

BEISPIEL

> Viele Mitarbeiter und Manager im Private Banking fanden es einmal höchst sinnvoll, Menschen darin zu beraten, ihr Geld gut und sicher anzulegen. Heute finden sie sich oft in einem Strukturvertrieb wieder und werden daran gemessen, Finanzprodukte zu verkaufen, an deren Mehrwert sie selbst nicht glauben.

Das Abhandenkommen von Sinn zehrt auf Dauer an den Kräften und an der Widerstandsfähigkeit. Was ist aus Ihrer Sicht sinnstiftend und was nicht?

Zugegeben, der Versuch, alle vier Aspekte miteinander in Deckung zu bringen, gleicht der Suche nach dem heiligen Gral. Schlimmer noch: Häufig genug lässt sich erst hinterher erkennen, warum eine bestimmte Karriereentscheidung nicht optimal war.

BEISPIEL

Ich studierte z.B. Ingenieurwesen, weil mir der **Sinn** meiner Tätigkeit stets sehr wichtig war und mir regenerative Energien als extrem sinnvoll erschienen. Zudem wollte ich im Entwicklungsdienst arbeiten, was einerseits Sinn macht und zum anderen auch eine nicht versiegende Nachfrage vom **Markt** garantiert, denn unterentwickelte oder zerstörte Länder wird es wohl für die nächsten Generationen in ausreichender Zahl geben. Allerdings stellte sich schnell heraus, dass Thermodynamik und Fluidmechanik nicht zu meinen natürlichen **Kompetenzen** gehörten. Auch wurde mir die Arbeit als Ingenieur rasch langweilig, denn zu meinen **Werten** gehört es, mit Menschen zu arbeiten sowie beständig etwas Neues zu lernen und aufzubauen, während mich technische Details eher schnell ermüden. Aber diese Erfahrung musste ich erst einmal machen, um daraus die Konsequenzen ziehen zu können. Die abwechslungsreiche Arbeit in der Unternehmensberatung entsprach schon viel eher meinem Kompetenzbereich. Auch weitere Karriereschritte in der Beratungsbranche, die Arbeit mit Mitarbeitern und die Interaktion mit Kunden lagen mir durchaus. Aber ich musste erst selbst mehrere kritische Karrieresituationen durchlaufen, um schließlich dort anzukommen, wo alle vier Aspekte langfristig erfolgreicher Karrieren in einer für mich nahezu perfekten Art und Weise gegeben sind. Die Arbeit als Unternehmer, Coach, Autor und Speaker bilden hier eine für mich perfekte Kombination, die ich mir noch vor zehn Jahren unmöglich selbst hätte vorstellen können.

Kritische Karrieresituationen sind also nicht nur Rückschläge und Krisen. Sie sind vielmehr auch Entscheidungspunkte, die uns die Möglichkeit geben, unseren weiteren Weg so anzupassen, dass er uns mehr und mehr entspricht.

Kontinuierliches Lernen als Erfolgsbaustein

Ist Ihnen der Begriff VUKA schon einmal begegnet? Am US Army War College in Carlisle, Pennsylvania, werden künftige Generäle in Strategie und Kriegsführung ausgebildet. Dort entstand bereits Ende der 1990er Jahre ein Akronym für eine immer komplexer werdende geopolitische Weltordnung: VUKA (englisch: VUCA). Nach den Terroranschlägen des 11. Septembers 2001 wurde die neue Wortschöpfung schließlich auch von Managementvordenkern aufgegriffen, die eine Zunahme der Komplexität auch in der Entwicklung der globalisierten Wirtschaft sahen.

Was hinter dem Akronym VUKA steckt	
Volatilität	Bezieht sich auf die zunehmende Häufigkeit, die Geschwindigkeit und das Ausmaß von Veränderungen
Unsicherheit	Beschreibt ein abnehmendes Maß an Vorhersagbarkeit von Ereignissen
Komplexität	Bezieht sich auf die steigende Anzahl von Verknüpfungen und Abhängigkeiten, die eine Thematik undurchschaubar machen
Ambivalenz	Beschreibt die Mehrdeutigkeit der Faktenlage, die falsche Interpretationen und Entscheidungen wahrscheinlicher macht

Das VUKA-Phänomen hat in der Tat zahlreiche Auswirkungen darauf, wie Unternehmen heute geführt werden. Megatrends wie Globalisierung und Digitalisierung führen durch neue Geschäftsmodelle zu immer mehr grundlegenden Veränderungen im Marktumfeld, die das Potenzial haben, etablierte Unternehmen binnen kürzester Zeit zu marginalisieren. Diese Entwicklung führt zu einem reduzierten Fokus auf langfristige Strategien und zu einem Managen »auf Sicht«, denn die nächste Krise kann bereits hinter der nächsten Ecke lauern. In einem derart volatilen und verunsichernden Umfeld, das geprägt ist von immer mehr Restrukturierungen und Marktanpassungen, bekommt auch die Mitarbeiterführung eine andere Bedeutung für die Wettbewerbsfähigkeit von Unternehmen. In der Zukunft werden diejenigen Manager am erfolgreichsten sein, denen es gelingt, das Vertrauen ihrer Mitarbeiter zu gewinnen und sie so emotional für sich und die Unternehmensziele einzunehmen.

Aber auch die Gestaltung von Karrieren ist vom VUKA-Phänomen betroffen. Unser gesamtes Bildungssystem ist darauf ausgelegt, Wissen zu vermitteln. In 12 bis 13 Jahren Schule plus rund 5 Jahren Studium bzw. Ausbildung wird zu einem Großteil Detailwissen vermittelt, das entweder leicht bei Bedarf nachgeschlagen werden kann, oder aber in 5 bis 10 Jahren ohnehin obsolet sein wird. Was fehlt, ist die praxisorientierte Vermittlung von relevanten Erfahrungen und der Fähigkeit, selbstständig zu lernen und sich komplexe Zusammenhänge zu erarbeiten. Denn genau diese Fähigkeit wird dauerhaft von zentraler Bedeutung sein, um sich an eine immer öfter verändernde Markt- und Führungsumgebung anzupassen. In der Management-Literatur wird diese Fähigkeit, kontinuierlich zu lernen, auch als Learning Agility bezeichnet. Bei unserer Arbeit mit Managern erleben wir immer wieder Situationen, bei denen das bisher erlernte Handwerkszeug nicht mehr ausreicht bzw. geeignet ist, um neue Herausforderungen, die z. B. mit einem

Karriereschritt einhergehen, zu bewältigen. Vielmehr werden bisherige Stärken mitunter sogar zur Schwäche.

BEISPIEL

> Waren bisher Fachexpertise und Handlungskompetenz wichtig, um die Glaubwürdigkeit als Manager zu untermauern, mag das auf der nächsten Hierarchiestufe durchaus hinderlich sein, wenn dort mehr Delegation von Verantwortung und weniger Details gefragt sind, um der drastisch gestiegenen Verantwortungsspanne überhaupt gerecht werden zu können.

Je höher ein Manager in der Hierarchie aufsteigt, desto mehr ist er für die Leistungserbringung auf andere angewiesen – eine weitere Komplexität, die erlernt werden muss.

Auf einen Blick: Was ist eigentlich Erfolg?

- Wann hat man beruflichen Erfolg? Eine universelle Definition dafür gibt es nicht, denn Erfolg ist nicht nur von Position, Status und Geld abhängig, sondern immer auch eine Frage der individuellen Einschätzung und des Umfelds, in dem man sich bewegt.

- Karrierekrisen, wie z. B. Kündigung oder Degradierung, sind ganz normal. Sie sind zwar nicht angenehm, bieten jedoch auch die Chance, an ihnen zu wachsen und sogar gestärkt aus solchen Situationen hervorzugehen.

- Erfolg ist kein Zufall und hat nur ganz wenig mit Glück zu tun. Es sind besondere Eigenschaften und Fähigkeiten, die Menschen erfolgreich machen. Sie können erlernt werden.

- Allen voran ist die sog. Resilienz wesentlicher Erfolgsfaktor für eine Karriere.

Führungskräfte am Limit

Karrieren verlaufen nur selten steil nach oben. Meist gibt es mehr oder minder große Einschnitte. Ob Degradierung, Gehaltseinbuße oder Kündigung: Ist die berufliche Krise erst einmal da, kann auch der stärkste Manager ins Straucheln geraten.

In diesem Kapitel erfahren Sie u. a.,

- warum es so schwer ist, dauerhaft erfolgreich zu bleiben,
- warum Gefühle im Business völlig okay sind,
- warum die Opferhaltung uns nicht weiterbringt,
- welchen beliebten Denkfallen wir aufsitzen,
- warum selbst die schwerste Krise etwas Gutes hat.

Wenn aus Herausforderung Überforderung wird

Beruflicher Erfolg ist nicht möglich, ohne sich selbst und andere gut zu führen. Beide Aspekte haben vor allem auch damit zu tun, die eigenen Ecken und Kanten zu kennen und an seiner Persönlichkeit zu arbeiten. Nicht von ungefähr ergab die Recherche für dieses Buch, dass Selbstreflexion eine der wichtigsten Voraussetzungen für Karriereerfolg ist.

Sich selbst und andere zu managen, gehört zweifelsohne zu den schwierigsten Aufgaben im Berufsleben. Das Schlimme daran: Führungskräfte sind oft nicht ausreichend darauf vorbereitet. Der noch immer in unserem Ausbildungssystem vorherrschende Glaube, dass Führung, also der bewusste Einsatz und die Steuerung von Emotionen in einem Arbeitskontext, nicht bedeutsam für den Unternehmenserfolg ist und daher bestenfalls zu den Soft Skills gehört, kostet heute viele Führungskräfte ihre Gesundheit. Auch die meisten Unternehmen nehmen das Thema Führungskräfteentwicklung nicht wichtig genug. Um Missverständnissen vorzubeugen: Ich sehe Manager dabei nicht als unschuldige Opfer des »Systems«. Die eigene Weiterentwicklung ist eine Holschuld. Sie kann an niemanden vollständig delegiert werden. Obwohl die Abhängigkeiten und Entscheidungsdynamiken im System »Unternehmen« viele Führungskräfte häufig in unangenehme Situationen bringen, die sie lieber vermeiden würden, reicht es doch nicht aus, mit Blick auf diese Dynamiken einfach in der Tagesordnung fortzufahren und die eigene Weiterentwicklung aus dem Blick zu verlieren. Heutige Manager müssen dazu übergehen, wirklich Profis darin werden zu wollen, sich selbst und andere zu führen. Dazu gehört es auch, ihre eigene Person, bestehend aus Körper, Geist und Seele, als ihre wichtigste Produktivressource zu erkennen und sich entsprechend fit zu machen. Eine weitere gewichtige Rolle spielen die Aspekte der VUKA-Welt für den heutigen Führungsalltag, konkret die Informationstechnologie und ihr wachsender Einfluss in den letzten 20 Jahren. Heute lassen sich in viel kürzerer Zeit gravierende Fehlentscheidungen treffen, die früher so nicht möglich gewesen wären.

Die Anforderungen an die Professionalität und moralische Integrität von Führungskräften haben in den letzten Jahrzehnten ganz klar zugenommen. Mit diesem Druck muss man als erfolgreicher Manager umgehen können und wollen. Doch auch Manager sind »nur« Menschen. Wohin also mit den Emotionen, die dieser Druck auslöst?

Emotionen im Business – darf das sein?

In der Ausbildung von künftigen Managern geht man immer noch größtenteils davon aus, dass Emotionen, insbesondere destruktive, nicht in die Chefetage gehören. Führungskräfte sollen stets Gelassenheit, Zuversicht und Souveränität verbreiten. Übertriebene Sachlichkeit ist okay, aber negative oder gar destruktive Emotionen sind nicht adäquat. Das ist manchmal jedoch gar nicht so einfach. Jedes menschliche Wesen, so natürlich auch eine Führungskraft, hat einen inneren Gedankenstrom und Gefühle wie Wut, Zweifel und Ängste. Unser Gehirn ist einfach so konstruiert. Es versucht ständig, mögliche Probleme vorherzusehen und zu lösen, um mögliche Gefahren zu vermeiden. In meiner Arbeit als Coach arbeite ich viel mit Führungskräften, die nicht nur unerwünschte Gedanken und Gefühle haben, sondern von ihnen auch gefangen sind wie ein Fisch am Haken. Entweder identifizieren sie sich mit den Gedanken und Gefühlen, oder sie vermeiden Situationen, die diese hervorrufen, wie z. B. neue Herausforderungen.

Wenn sich Manager bereits mit ihren eigenen Denk- und Verhaltensmustern beschäftigt haben, kommt es mitunter dazu, dass sie sich selbst für ihre negativen Emotionen auch noch kritisieren. Die besonders Harten jedoch ignorieren sie oder suchen, quasi zur Desensibilisierung, aktiv Situationen, die diese Gedanken und Gefühle in ihnen hervorrufen. In jedem Fall nehmen destruktive Gedanken und Gefühle bei diesen Managern zu viel Raum ein. Sie lenken Energie von anderen, wahrscheinlich wichtigeren Themenstellungen ab. Dies ist ein gängiges Problem, das häufig durch populäre Selbstmanagementstrategien noch verstärkt wird. Wir treffen regelmäßig auf Manager mit wiederkehrenden emotionalen Schwierigkeiten, wie z. B. Entscheidungsangst, Angst vor Zurückweisung, ständigem Fokus auf empfundenen eigenen Schwächen, die ihre eigenen handgestrickten Techniken entwickelt haben, um ihre Probleme in den Griff zu bekommen – häufig ohne Erfolg. Forschungsergebnisse legen nahe, dass der Versuch, einen Gedanken bzw.

eine Emotion zu ignorieren, sie im Gegenteil langfristig und dauerhaft verstärkt. Es kann also nicht darum gehen, vermeintlich negative Impulse zu unterdrücken. Vielmehr kommt es darauf an, diese Energie sinnvoll zu kanalisieren, was auch als Selbst-Steuerung bezeichnet wird. Die Kompetenz, sich selbst zu führen, wird vor allem unter großem emotionalem Druck elementar, z. B. in den bereits beschriebenen kritischen Karrieresituationen.

Führungskräfte als Opfer

Während der Recherche für dieses Buch befragte ich meine Interviewpartner nach den negativen emotionalen, kognitiven und körperlichen Auswirkungen, die die kritischen Karrieresituationen auf sie hatten. Die Ergebnisse sind in der Grafik dargestellt.

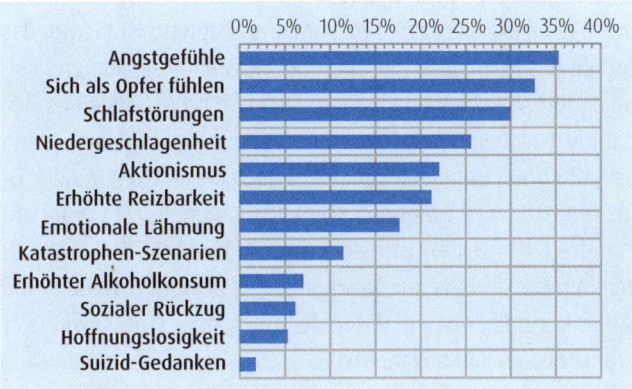

Auswirkungen kritischer Karrieresituationen

Vergleicht man diese Symptome mit dem charakteristischen Verlauf einer sich entwickelnden Erschöpfungsdepression, umgangssprachlich auch Burn-out genannt, so fallen erstaunliche Ähnlichkeiten in Symptomatik und Abfolge auf. Dabei ist zu bedenken, dass das Ausmaß der Auswirkungen von kritischen Karrieresituationen nicht nur von der Schwere und Häufigkeit der Symptome abhängt, sondern auch davon, wie lange diese anhalten.

43 % der befragten Manager gaben an, dass die Auswirkungen von schwerwiegenden Rückschlägen bei ihnen einige Wochen angehalten hatten. Bei 28 % der Studienteilnehmer waren es sechs Monate. Bei immerhin 12 % der Betroffenen dauerten die Symptome über einen Zeitraum von einem Jahr an, in knapp 7 % der Fälle sogar über mehrere Jahre. 10 % der Manager, die derartig langanhaltende Folgen kritischer Karrieresituationen erlebten, trugen sich mit Selbstmordgedanken. Wie lassen sich diese Zahlen erklären? Von zentraler Bedeutung ist hierbei das Gefühl des Managers, ein Opfer der Umstände zu sein und keine andere Wahl zu haben, als zu leiden. Hierbei handelt es sich natürlich um eine verzerrte Wahrnehmung der Realität, denn es gibt immer Handlungsoptionen. Doch dieser Opfer-Modus ist im Kontext von schwierigen Karrieresituationen fast immer anzutreffen. Von außen ist es dann kaum möglich, den Manager zu einer konstruktiveren Denkhaltung zu bewegen. Hintergrund dafür ist ein Phänomen, das in der Medizin auch als sekundärer Krankheitsgewinn bekannt ist.

BEISPIEL

> Stellen Sie sich ein Kind vor, das eine Erkältung mit Fieber hat. Normalerweise arbeiten beide Elternteile, aber jetzt muss einer von beiden zu Hause bleiben, um sich um das Kind zu kümmern und den Sprössling zu pflegen. Das Kind bekommt heiße Suppe ans Bett gebracht und Geschichten vorgelesen. Außerdem gibt es Fernsehen in Hülle und Fülle. Zwar sind die Symptome der Erkrankung nervig, aber die liebende Zuwendung des Elternteils und der Luxus aufgehobener Regeln sind grandios. Und zwar in solch einem Maße, dass die Krankheit schon mal unbewusst um ein bis zwei Tage »verlängert« wird, um eben diesen sekundären Krankheitsgewinn noch länger auskosten zu können.

Doch was ist der Krankheitsgewinn eines Managers, den er aus seiner Opferhaltung ziehen kann? Hier gibt es verschiedene Aspekte.

Die Vorteile der Opferhaltung	
Schuld	Ein Manager im Opfer-Modus trägt keine Schuld, denn ihm wurde ja von anderen übel mitgespielt. Gut und Böse sind klar verteilt.
Recht	Er ist emotional im Recht und moralisch gesehen gegenüber dem Widersacher erhaben. Ihm gebührt Solidarität und Beistand von anderen.
Verantwortung	Er ist nicht für die Geschehnisse verantwortlich, denn er kann ja in dieser Situation nichts machen. Ihm sind die Hände gebunden.
Zuspruch	Wenn einem etwas Schlimmes widerfährt, kann man von anderen Zuspruch und Anteilnahme erwarten.
Freibrief	Einem, der viel verloren hat, lässt man Fehlverhalten und Entgleisungen eher durchgehen, denn er verdient Schonung.

Es gibt also durchaus einige triftige Gründe, sich selbst in der Opferrolle kritisch zu hinterfragen. Das ist aber leichter gesagt als getan, denn unser Gehirn wird in derart belastenden Situationen mit Adrenalin und Noradrenalin förmlich geflutet, was uns kognitiv zurück ins Tierreich befördert. Schuld daran sind u. a. wenig hilfreiche Denkmuster, die es zunächst zu erkennen und dann zu durchbrechen gilt.

Achtung, Denkfallen!

Wenn Führungskräfte schwierige, ja bisweilen sogar traumatische Situationen, wie z. B. Kündigung, Degradierung oder Machtkämpfe, durchleben, sind sie je nach Persönlichkeitsstruktur in besonderem Maße anfällig für sog. Denkfallen. Die am häufigsten auftretenden Denkfallen sind die folgenden.

- **Denken in Katastrophen-Szenarien:** Hier erschafft der Betroffene durch Verzerrung und Übertreibung aus einem lösbaren Problem eine unbezwingbare Krise.

BEISPIEL

«Ich werde meinen Job verlieren und keinen neuen mehr finden. Wir werden das Haus verkaufen müssen. Ich kann meinen Kindern das Studium nicht mehr bezahlen, wofür sie mich verachten werden. Ich werde ein Niemand sein.»

- **Generalisieren:** Durch undifferenzierte Betrachtung wird der Problemzustand zum Standard erklärt.

BEISPIEL

> «Ich bin einfach nicht zum Manager geboren. Ich war von Anfang an eine Fehlbesetzung und habe es nur nicht erkannt. In Wirklichkeit hatte ich nie das Zeug dazu.»

- **Negatives maximieren, Positives minimieren:** Sind die alten Selbstzweifel durch eine Karrierekrise erst mal aktiviert, übernehmen sie gerne das Kommando. Schlagartig treten bisherige Erfolge in den Hintergrund, und es kommen nur noch Misserfolge ins Gedächtnis.

BEISPIEL

> «Schon wieder versagt! Mein Vater hatte doch recht damit, dass ich es nie zu etwas bringen würde. Was nützen da die Gehaltserhöhung letztes Jahr und die außergewöhnliche Belobigung durch den Chef vor zwei Jahren? In Wirklichkeit hab ich es nicht drauf.»

- **Gedanken lesen:** Menschen mit angekratztem Selbstwertgefühl neigen dazu, in irrationaler Weise alles persönlich zu nehmen und auf sich zu beziehen.

BEISPIEL

> «Meine Mitarbeiter sind so freundlich zu mir. Und die Kollegen tuscheln und lachen zusammen in der Kaffeeecke. Bestimmt wissen alle bereits, dass ich gefeuert worden bin.»

- **Emotionale Begründung:** Unter großem Stress verschwimmen Emotionen und Kognitionen. Wir handeln und entscheiden dann vermehrt irrational, d. h. basierend auf Emotionen.

BEISPIEL

> «Mein Chef hat mich gekündigt. Dafür gibt es keinerlei rationale Begründung. Er mag mich einfach nicht, das war schon immer klar. Ich hasse ihn. Es gibt nichts Gutes an ihm.«

- **Externer »Locus of Control«:** In der Opferhaltung ist es schwer bis unmöglich, die eigene Mitverantwortung an den Geschehnissen sowie die Handlungsoptionen, um sich aus der Misere herauszuarbeiten, realistisch einzuschätzen.

BEISPIEL

> «Schuld an allem ist nur die Strategie, die vom neuen Vorstand ausgegeben wurde. Die ist von vorne bis hinten Quatsch. Ich habe gar keine andere Wahl, als dagegen anzurennen. Wären die da oben schlauer, wäre *ich* jetzt Vorstand, und alles wäre gut.«

Kommen Ihnen einzelne dieser Denkfallen oder sogar alle davon bekannt vor? Keine Sorge, dann sind Sie in guter Gesellschaft. Dennoch ist das Schadpotenzial dieser kognitiven Verzerrungen und Generalisierungen unter Umständen immens, denn sie machen eine ohnehin schon schwierige Situation unerträglich. Denkfallen sind quasi das Gift im eigenen Kopf. Die gute Nachricht ist: Gelingt es einem Manager erst einmal, sich im Sinne des Barons von Münchhausen selbst aus seinem emotionalen Sumpf herauszuziehen, dann werden kritische Karrieresituationen in aller Regel auch gut verarbeitet und führen zu persönlichem Wachstum. So berichteten knapp 63 % der Studienteilnehmer von einer dauerhaft höheren Leistungsfähigkeit nach Überwindung der Jobkrise.

Von der Jobkrise zur schweren persönlichen Krise

Viele Führungskräfte identifizieren sich so sehr mit ihrem Berufsleben, dass sie nicht mehr unterscheiden zwischen dem Job und ihrem Leben außerhalb dieser Rolle. Eine Bedrohung der Karriere wird daher bei diesen Entscheidern immer mehr auch zu einer wahrgenommenen Gefährdung der eigenen Existenz. Diese Identifikation führt mitunter zu tragischen Konsequenzen, z. B. zu Burn-out, zum Substanzmissbrauch, mitunter sogar zum Suizid. Kritische Karrieresituationen können also durchaus schwerwiegende und sogar lebensbedrohliche Konsequenzen haben.

Wenn Führungskräfte trauern

Bis eben noch fand das Leben auf der Überholspur statt. Ein Alltag unter Hochspannung, mit Arbeitstagen, die selten weniger als 12 Stunden hatten und an denen ein wichtiger Termin den anderen jagte. Und dann? Der Verlust des Jobs. Vollbremsung! Stillstand. Am Anfang steht der Schock, dem alsbald diese unbegreifliche Leere und das Gefühl von Bedeutungslosigkeit folgen. Und danach bleiben oft nur noch Selbstmitleid, Ratlosigkeit und Wut. So oder ähnlich beschreiben viele Führungskräfte den Moment, in dem sie von ihrer Kündigung, einer der schlimmsten Formen einer kritischen Karrieresituation, erfahren haben. Der ungewollte Verlust ihrer Position stürzt die meisten Führungskräfte in eine schwere persönliche Krise. Abgeschnitten von den Zirkeln der Macht, von vertraulichen Informationen und entscheidenden Krisensitzungen wird ihnen plötzlich bewusst, dass ihr Gefühl, unersetzbar zu sein, auf einer Illusion beruhte. Während sie noch vor kurzem beinahe jedes Erfolgserlebnis auf die eigene Leistungsfähigkeit zurückführten, stellt die neue Situation nun ihr Selbstkonzept komplett infrage. Es ist leichter gesagt als getan, sich in solchen Situationen nicht in sein Schneckenhaus zurückziehen, sondern vielmehr den Karriereknick als Chance für eine persönliche und berufliche Weiterentwicklung zu begreifen.

Und genau hier kommt die Resilienz, also die innere Widerstandsfähigkeit einer Person ins Spiel. Je resilienter ein Manager ist, desto besser hat er gelernt, Umbrüche nicht als Infragestellung und Abwertung der eigenen Person zu sehen, sondern vielmehr als eine interessante Lernerfahrung, die Teil des großen Spiels »Big Business« ist. Dieses Spiel ist nicht lustig, denn es ist ein Spiel von Erwachsenen, aber es funktioniert nach dem Prinzip eines Spiels. Es hat Regeln, auch wenn sie ungeschrieben sind, es gibt Spielfiguren, die eigene Interessen haben, es gibt Ereigniskarten, die die eigenen Pläne über den Haufen werfen, und es gibt Gewinner und Verlierer, die nicht selten ausgewürfelt werden.

Vergleicht man den Verlauf solch einschneidender Karriereumbrüche, wird eines offensichtlich: Die einzelnen Verarbeitungsschritte ähneln den unterschiedlichen Phasen der Trauer, die von Elisabeth Kübler-Ross beschrieben wurden. Die schweizerisch-US-amerikanische Psychiaterin hat ihr berufliches Leben dem Umgang mit Sterbenden sowie der Trauer und ihrer Verarbeitung gewidmet. Mit ihrem Buch »Interviews mit Sterbenden« erregte sie bereits 1971 weltweite Aufmerksamkeit, vor allem aufgrund des Modells der fünf Phasen der Trauer, das sie in zahllosen Gesprächen mit Sterbenden entwickelt hatte. Die folgende Grafik zeigt den typischen Verlauf der Verarbeitung von kritischen Karrieresituationen entlang der fünf Phasen der Trauer am Beispiel von Managern, die entlassen wurden.

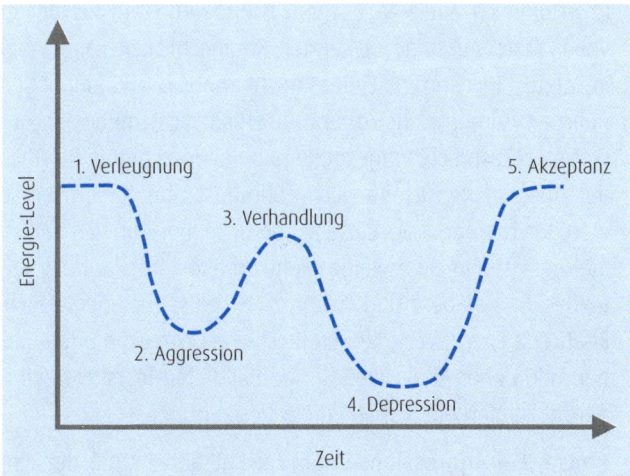

Die fünf Phasen der Trauer nach Kübler-Ross

Die 5 Phasen der Trauerarbeit

Die folgenden Erkenntnisse stammen zum einen aus meiner Arbeit mit Managern in vergleichbaren Situationen. Zum anderen basieren sie auf der 2014 veröffentlichten Studie »Auf der Überholspur ausgebremst«, die als Gemeinschaftsprojekt der Hochschule Fresenius, der HPO Research Group sowie der Talent- und Karriereberatung von Rundstedt durchgeführt wurde.

- **Phase 1 – Verleugnung:** Ein Manager hat sich über viele Jahre erfolgreich auf eine Position hochgearbeitet, aus der er voller Stolz auf seine bisherigen Erfolge blicken kann. Aber in letzter Zeit stimmt Einiges nicht mehr. Die Spannungen nehmen immer mehr zu, und er erhält nicht mehr den gewohnten Zuspruch. Vorgesetzte und Kollegen gehen plötzlich auf Abstand. Je sicherer sich Führungskräfte fühlen, umso weniger beziehen sie diese Vorboten dabei auf sich selbst. Vielmehr sehen sie etwaiges Fehlverhalten stets auf der Seite des Gegenübers und halten sich selbst für unersetzlich. Erfahrene Executives, die bereits solche Umbrüche erlebt haben und daher Ähnlichkeiten und Parallelen feststellen können, erkennen die Signale in der Regel früher.

- **Phase 2 – Aggression:** Dann kommt auf einmal der Einschlag, der alles erschüttert: die Kündigung. Der Schock trifft die Führungskraft hart, denn mit dem Jobverlust bricht für sie die zentrale Säule ihres Lebenskonzepts weg. Kein Teil des »Systems« mehr zu sein, war für sie bis zu diesem Zeitpunkt nicht denkbar. Das Gefühl ohnmächtig zu sein und keine Chance zu haben, aktiv auf die Situation einwirken zu können, ist neu und schürt Wut und Verzweiflung. Klares Denken und besonnenes Handeln fallen schwer. Hinzu kommen Scham und die Sorge, den gewohnten Lebensstandard nicht mehr halten zu können, denn es gilt einen Ruf zu wahren und die Fassade muss aufrechterhalten werden. Wie die meisten geschassten Manager macht man sich Vorwürfe, weil man die Signale nicht richtig gedeutet und nicht rechtzeitig gegengesteuert hat. Im Nachhinein ist man immer klüger. Nachdem der erste Schock überwunden ist, sorgen administrative Prozesse dafür, dass der Schmerz nicht vage bleibt, sondern empfindlich spürbar wird. Was vorher nur auf dem Papier stand, wird immer mehr Realität, wenn Büroschlüssel, Keycards und der Dienstwagen zurückgefordert werden und der Manager immer mehr von allem abgeschnitten wird: von Kunden, Kollegen und Mitarbeitern. Häufig quälen Fragen wie: Wer hat an meinem Stuhl gesägt? Wem kann ich noch trauen?

- **Phase 3 – Verhandlung:** In dieser Phase klingen die erste Lähmung und die damit einhergehende Aggression langsam ab. Das Ego ist zwar deutlich lädiert, aber dennoch macht sich die Führungskraft mit Eifer, Disziplin und den Strategien, die sich in der Vergangenheit bewährt haben, auf die Suche nach einer neuen, gleichwertigen Position. Das Bedürfnis, den aktuellen Schmerz und die Scham möglichst bald hinter sich zu lassen, ist übergroß. Noch ist der Manager überzeugt davon, dass es sich nur um ein kurzes Tief handelt und er schnell wieder auf einer ähnlichen Höhe angelangt sein wird wie vor dem Absturz. Schließlich hat er ein sehr vorzeigbares

Netzwerk, oder nicht? Den Gedanken, dass die Durststrecke etwas länger werden könnte, lässt er nicht zu. Doch allzu oft werden die Erwartungen enttäuscht. Die Vorstellung von einem schnellen Comeback erweist sich trotz hohen Energieeinsatzes nicht selten als Illusion. Diese wird zum einen durch die Überzeugung gespeist, frühere Erfolge hingen untrennbar mit der eigenen Persönlichkeit zusammen, und zum anderen durch eine Fehleinschätzung des Arbeitsmarktes, der auf dem gewohnten Niveau meist nur wenig Attraktives bereithält.

- **Phase 4 – Depression:** In dieser Phase wird der Manager auf die eigene Rollenkomplexität und alte, längst vergessen geglaubte Selbstzweifel zurückgeworfen. Die sog. Rollenkomplexität generiert sich aus den vielen voneinander unabhängigen Lebensbereichen des Einzelnen, wie z. B. Familie, Hobbys und soziales Engagement. Sie bildet die Grundlage für den Selbstwert und die Identität einer Person. Je zahlreicher die Bereiche sind, aus denen sich die Rollenkomplexität zusammensetzt, desto eher kann der Verlust eines dieser Bereiche – wie z. B. dem Job – durch die übrigen emotional kompensiert werden. Im Falle von hochrangigen Managern hat die eigene Karriere die meiste Zeit ihres Berufslebens die anderen Lebensbereiche dominiert oder gar ganz verdrängt. Soziale Kontakte blieben dabei häufig auf der Strecke. So wird die Rolle als erfolgreiche Führungskraft mit der Zeit zum zentralen Pfeiler des eigenen Selbstbilds. Andere identitätsstiftende Rollen, wie die Elternrolle oder die Rolle eines besten Freundes für einen langjährigen Weggefährten, werden dagegen immer weiter verdrängt, bis Person und Position schließlich miteinander verschmelzen. Hinzu kommen die alten, wohl vertrauten Selbstzweifel, die man schon aus Kindertagen kennt und die man durch Karriere, Erfolg und Ansehen stets versucht hatte zu kaschieren. Die nun folgende Depression fällt umso heftiger aus, je geringer die bereits beschriebene Rollenkomplexität und je stärker die Selbstzweifel der Führungskraft sind.

- **Phase 5 – Akzeptanz:** Verleugnung, Aggression und Depression haben ihre Spuren hinterlassen. Sie werden den Manager noch lange begleiten. Die Führungskraft verspürt immer noch Scham und Kränkung, wenn sie an den zurückliegenden Absturz denkt. Allmählich dämmert dem Manager jedoch auch, dass diese schwierige Situation, die er wirklich gerne vermieden hätte, trotz allem Verdruss auch etwas Positives hat. Ihm eröffnen sich nun neue Freiräume, um sich mit den eigenen Zielen und Werten einmal gründlich auseinanderzusetzen. Die Frage »Was will ich eigentlich wirklich?«, kommt auf und ist zunächst gar nicht so leicht zu beantworten. Aber das Nachdenken darüber lohnt, um für sich neue Perspektiven und Möglichkeiten zu erschließen.

Es braucht viel Zeit, um das eigene Scheitern in das Selbstbild zu integrieren. Aber es lohnt sich. Man ist danach selbstkritischer und reflektiert anders. Ja, man ist auch härter und abgeklärter geworden. Verbunden damit ist häufig eine neue berufliche Aufgabe, die oft stärker der persönlichen Ausrichtung entspricht und eine größere Zufriedenheit mit sich bringt.

Auf einen Blick: Führungskräfte am Limit

- Der Druck, unter dem Führungskräfte stehen, ist hoch. Nur wer über eine gute Selbststeuerung verfügt und in der Lage ist, seine Emotionen in die richtigen Bahnen zu lenken, anstatt sie zu unterdrücken, kann ihm – auch in schwierigen Situationen – dauerhaft erfolgreich widerstehen.

- Bei beruflichen Rückschlägen neigen viele dazu, sich als Opfer zu sehen und Denkfallen, wie z. B. Generalisierungen, aufzusitzen. Mit der richtigen Selbstreflexion gelingt es, sich selbst aus diesem emotionalen Sumpf zu ziehen.

- Kritische Karrieresituationen können schwerwiegende und sogar lebensbedrohliche Konsequenzen haben. Das ist vor allem dann der Fall, wenn sich Führungskräfte allein über den Job definieren. Eine Bedrohung ihrer Karriere wird dann zur Bedrohung ihrer Existenz.

Die gefährlichsten Karrierefallen

Wenn Führungskräfte ins Straucheln kommen, liegt es nur selten daran, dass sie schlecht in ihrem Job waren. Die Karrierefallen und Stolpersteine lauern an ganz anderen Stellen.

In diesem Kapitel erfahren Sie u. a.,

- was die wahren Risikofaktoren in puncto Karriere sind,

- warum dabei der sog. blinde Fleck eine Hauptrolle spielt,

- warum Sie Ihr Verhalten auf sog. Derailer überprüfen sollten.

Risikofaktor Persönlichkeit

David Dotlich, ein ehemaliger Topmanager, und Peter Cairo, Dozent an der Columbia University, beschäftigte die Frage, warum rund zwei Drittel aller Führungskräfte in westlichen Industrienationen im Laufe ihrer Karriere kritische Karrieresituationen durchlaufen, sei es, dass sie gefeuert, entmachtet oder weggelobt werden. Sie fanden heraus, dass viele Manager nicht in der Lage sind, ein leistungsfähiges Team aufzubauen und zu entwickeln. Alles, was die Fähigkeit beeinträchtigt, ein Team aufzubauen, behindert auch die Leistung als Führungskraft, denn ein Manager kann nur durch sein Führungsteam steuernd auf das Unternehmen einwirken. Viele Manager sind nicht in der Lage, Menschen zusammenzubringen, auf gemeinsame Ziele einzuschwören und durch eigenes, vorbildliches Verhalten zu führen. Sie kreisen um sich selbst und wollen stets die Kontrolle behalten.

In Stresssituationen treten bei den meisten Menschen gewisse negative Eigenschaften hervor. Diese werden vom Persönlichkeitspsychologen Hogan als »Risikofaktoren« bezeichnet. Unter normalen Umständen können diese Charakteristiken auch Stärken darstellen. Werden sie hingegen einseitig genutzt und übertrieben, werden sie zur Falle. Wenn Manager überarbeitet, gestresst, besorgt oder anderweitig aus der Ruhe gebracht sind, können die Risikofaktoren zutage treten und ihre Effektivität sowie die Qualität ihrer Beziehungen zu Kunden, Kollegen und Mitarbeitern untergraben. Meist kennen Mitarbeiter und

Kollegen die Verhaltensdefizite einer Führungskraft. Die einen tolerieren diese Eigenschaften – häufig aus Angst vor persönlichen Konsequenzen – oder blenden sie aus – oft aus falsch verstandener Loyalität. Andere nehmen die negativen Eigenschaften zwar wahr, geben aber aus Sorge um ihre eigene Karriere häufig kein Feedback dazu, was die Schere zwischen Selbst- und Fremdwahrnehmung noch vergrößert. Kein Wunder also, dass den betreffenden Managern selbst ihre Verhaltensdefizite kaum auffallen.

Der blinde Fleck

Tatsächlich deuten Forschungsergebnisse darauf hin, dass Führungskräfte bestimmte Risikofaktoren in ihrem Verhalten schon in jungen Jahren im Umgang mit Eltern, Gleichaltrigen, Verwandten und anderen Personen entwickelt haben. Diese Verhaltensweisen können so automatisiert sein, dass sie weitgehend unbewusst ablaufen. Die beiden US-amerikanischen Sozialpsychologen Joseph Luft und Harry Ingham haben für dieses Phänomen bereits 1955 den Begriff »Blinder Fleck« geprägt, da der Manager etwas über sein Verhalten nicht weiß bzw. es nicht wahrnimmt, das dagegen seiner Umgebung wohlbekannt ist. Solche blinden Flecken sind nach meiner Erfahrung eines der größten Risiken für Karrieren. Jeder hat Ecken und Kanten, aber diese nicht zu kennen bzw. ihre potenziell schädlichen Auswirkungen nicht in vollem Ausmaß zu begreifen, ist einfach fatal. Sie führen dazu, dass kritische Karrieresituationen aus Sicht der Führungskraft aus heiterem Himmel kommen, während ihr Umfeld dies schon lange hat kommen sehen. Die einzige Methode, einen blinden Fleck aufzulösen, ist es, Feedback von außen einzuholen, was glücklicherweise von immer mehr Unternehmen strukturiert und regelmäßig durchgeführt wird.

Beratungsresistenz lässt scheitern

In vielen Unternehmen fehlen noch immer die Voraussetzungen für eine Kultur der konstruktiven Kritik, wie man sie z. B. durch regelmäßige 360°-Feedbacks oder Mitarbeiterbefragungen schaffen kann. Oder, schlimmer noch, die Befragungen werden durchgeführt, aber aus den Ergebnissen werden keine personellen Konsequenzen gezogen. Oft mangelt es aber auch an der Bereitschaft der Führungskräfte, sich den Spiegel vorhalten zu lassen. In der Studie zu diesem Buch befragte ich die teilnehmenden Manager nach ihren eigenen kritischen Karrieresituationen. 10 % räumten ein, dass ihre Beratungsresistenz zu dem Karriereumbruch beigetragen hat. 22 % gaben an, dass sie bei der Arbeit an sich zu wenig Durchhaltevermögen gezeigt hatten. In 38 % der Fälle waren eigene blinde Flecken im Spiel gewesen und in 65 % der Fälle hatten die teilnehmenden Manager vorhandene politische Signale aus dem eigenen Umfeld nicht ernst genug genommen.

Das zeigt: Fokus auf die Arbeit ist wichtig, aber ein Tunnelblick ist gefährlich. Es ist für Führungskräfte elementar wichtig, die Augen und Ohren offenzuhalten, wenn es um Feedback zur eigenen Arbeit geht. Denn ohne Motivation zur Veränderung ist jedes Coaching oder jede anderweitige Unterstützung fragwürdig bis sinnlos. Irgendwann ist der Punkt erreicht, an dem eine Unternehmensleitung gezwungen ist, einen Manager auszuwechseln, weil dessen Fehlverhalten trotz hervorragender Leistungen nicht länger tolerierbar ist.

BEISPIEL

Auch bei Steve Jobs war es nicht anders, als er 1985 im Alter von 30 Jahren vom Vorstand desjenigen Unternehmens entlassen wurde, das er selbst mitbegründet hatte. Aufgrund seines despotischen Verhaltens hatte er jeglichen Vertrauensvorschuss und alle Glaubwürdigkeit bei seinen Kollegen verspielt. Bei Apple-Mitarbeitern wurde er für seine visionäre Art gekoppelt mit Ignoranz, Sturheit und manipulierendem Verhalten zugleich bewundert und gefürchtet. Das ging so weit, dass es für diese Eigenschaften einen eigenen Namen in der Belegschaft gab: Reality Distortion Field (Realitäts-Verzerrungs-Feld). Jobs blickte in einer Rede 2005 auf diese Zeit zurück mit den Worten: »Es war bittere Medizin, aber der Patient brauchte sie«.

Manchmal braucht es erst den Knick in der Karriere, um Feedback zuzulassen und an sich zu arbeiten.

Was Führungskräfte entgleisen lässt

Das Scheitern von Managern ist selten das Resultat unzureichender Intelligenz, Erfahrungen oder Fähigkeiten. Es ist vielmehr die Konsequenz daraus, dass sich hochqualifizierte und erfahrene Führungskräfte mit den besten Absichten unlogisch, unberechenbar und irrational verhalten. Diese unbewussten Kräfte bezeichnen Dotlich und Cairo als Executive Derailers, also als Faktoren, die Manager zum Entgleisen bringen. In ihrer Arbeit mit Führungskräften haben sie elf dieser Derailer identifiziert und benannt. Die meisten Manager sind von einem bis drei solcher Faktoren betroffen.

Selten haben sie aber auch eine deutliche Ausprägung bei allen Derailern. Nur ganz wenige Profile zeigen dagegen gar keine Zuspitzung in einem Bereich. Es ist durchaus wahrscheinlich, dass auch Sie einen oder mehrere dieser Persönlichkeitseigenschaften haben. Vielleicht sind Sie brillant darin, Probleme zu strukturieren und zu analysieren, und diese Fähigkeit hat Ihrer Firma bereits zahlreiche Fehlinvestitionen erspart oder Ihr Unternehmen vom Wettbewerb differenziert. Wenn Sie aber unter Stress geraten, kann es sein, dass Ihre Tendenz, Sachverhalten analytisch und detailliert auf den Grund zu gehen, dazu führt, dass Sie keine Entscheidungen mehr treffen können. Dieses Phänomen ist gar nicht selten und wird in der Literatur auch als »Analysis Paralysis« bezeichnet.

Die 11 Derailer im Überblick

Die folgende Übersicht enthält die 11 Faktoren von Dotlich und Cairo. Vielleicht kommt Ihnen ja die eine oder andere davon bekannt vor? Am Ende der Übersicht können Sie sich selbst einschätzen.

1. **Anmaßend:** Führungskräfte mit diesem Derailer sind häufig unfähig, Fehler einzugestehen bzw. aus Erfahrungen zu lernen. Für sie typisch ist das Denken: Ich habe recht und alle

anderen haben unrecht. Indizien/Eigenschaften: überhöhtes Selbstvertrauen, Arroganz, überzogenes Selbstwertgefühl.

2. **Vorsichtig:** Führungskräfte mit diesem Derailer haben eine übersteigerte Angst, Fehler zu machen und dafür kritisiert zu werden. Es fällt ihnen schwer, folgenschwere Entscheidungen zu treffen. Indizien/Eigenschaften: zögerlich, widerwillig gegenüber Veränderungen, risikoscheu, langsame Entscheidungsfindung.

3. **Skeptisch:** Solchen Führungskräften fehlt es an sozialem Gespür, Souveränität und Vertrauen. Ihr Fokus liegt auf dem, was falsch ist oder ihren Interessen zuwiderläuft oder laufen könnte. Indizien/Eigenschaften: misstrauisch, zynisch, reagiert überempfindlich auf Kritik, fokussiert auf Negatives.

4. **Draufgängerisch:** Solche Führungskräfte sind erkennbar an ihrem charmanten Auftreten, gepaart mit einer großen Bereitschaft, auch unnötige Risiken einzugehen. Regeln gelten generell nur für andere. Für sie selbst gibt es immer Ausnahmen. Indizien/Eigenschaften: charmant, risikofreudig, testet Grenzen aus, sucht den Nervenkitzel.

5. **Passiver Widerstand:** Führungskräfte mit diesem Derailer verfügen über eine große Unabhängigkeit, was die Erwartungen von anderen ihnen gegenüber betrifft. Dies führt dazu, dass sie häufig als egoistisch, stur und unkooperativ gelten. Indizien/Eigenschaften: vordergründig kooperativ, aber innerlich reizbar und stur.

6. **Dramatisch:** Solche Führungskräfte zeigen überschwänglichen Enthusiasmus in Bezug auf Personen oder Vorhaben und eine häufig darauffolgende Enttäuschung wegen derselben Personen oder Vorhaben infolge mangelnder emotionaler Kontinuität. Indizien/Eigenschaften: launisch, leicht genervt, schwer zufriedenzustellen und emotional instabil.

7. **Dienstbeflissen:** Führungskräfte mit diesem Verhalten streben nach allseitiger Beliebtheit. Es fällt ihnen schwer, aus sich heraus eigenständig zu handeln und eventuell auch unpopuläre Entscheidungen zu treffen. Gemocht zu werden ist für sie bedeutsamer als alles andere. Indizien/Eigenschaften: möchte gefallen, handelt ungern unabhängig oder gegen die allgemeine Meinung.

8. **Phantasiereich:** Solche Führungskräfte gelten als kreativ, es fehlt ihnen aber häufig an praktischem Urteilsvermögen und Umsetzungsstärke. Ihr Drang, anders sein zu wollen als alle anderen, wird zum Selbstzweck. Indizien/Eigenschaften: kreativ, exzentrisch im Denken und Handeln.

9. **Pedantisch:** Wer diesen Derailer aufweist, hat einen übergroßen Hang zur Perfektion, der viel Zeit und Aufwand kostet und nur schwer zu befriedigen ist. Er konzentriert sich auf Details, verliert aber leicht das große Ganze aus den Augen. Indizien: akribisch genau und präzise, schwer zufriedenzustellen, Neigung zum Mikromanagement.

10. **Distanziert:** Solche Führungskräfte sind emotional nicht beteiligt und wirken intellektuell abgehoben. Dies führt häufig dazu, dass sie große Schwierigkeiten haben, ihr Gegenüber

emotional zu erreichen oder gar zu inspirieren. Indizien: unnahbar, gleichgültig gegenüber den Gefühlen anderer, wenig kommunikativ.

11. **Buntschillernd:** Führungskräfte mit diesem Derailer stehen immer im Mittelpunkt. Sie lieben die große Geste und den dramatischen Auftritt. Sie haben ein einnehmendes Wesen und ein starkes Geltungsbedürfnis. Indizien: dramatisch, sucht nach Aufmerksamkeit, unterbricht andere, schlechter Zuhörer.

Welche Eigenschaften treffen auf Sie zu?

In der folgenden Tabelle können Sie das Risiko einschätzen, ob einer oder mehrere der Faktoren auf Sie zutreffen. Aber Vorsicht mit solchen Selbsteinschätzungen, denn auch Sie könnten einem blinden Fleck aufsitzen (siehe hierzu das Kapitel »Der blinde Fleck«).

	Risiko			
	Keines	Gering	Moderat	Hoch
Anmaßend				
Vorsichtig				
Skeptisch				
Draufgängerisch				
Passiver Widerstand				
Dramatisch				
Dienstbeflissen				

	Risiko			
	Keines	Gering	Moderat	Hoch
Phantasiereich				
Pedantisch				
Distanziert				
Buntschillernd				

Sind Manager Gefangene ihrer eigenen Persönlichkeit?

Vielen Managern gelingt es nicht, ihr Fehlverhalten aus eigener Kraft zu ändern. Viele sind der Meinung, dass das mit Ende Vierzig oder Anfang Fünfzig ohnehin nicht mehr geht. Dem ist natürlich nicht so, wie die moderne Hirnforschung mittlerweile hinreichend unter Beweis gestellt hat. Das Stichwort lautet »Neuro-Plastizität«. Es umschreibt die Fähigkeit des Gehirns, lebenslang neues Wissen und neue Fertigkeiten in sein komplexes Erfahrungsnetzwerk zu integrieren. Die setzt natürlich zwingend voraus, dass die betroffene Führungskraft dies auch will. Leichter geht es, wenn man einen erfahrenen Coach zurate zieht oder das Glück hat, an einen guten Mentor zu geraten. Zumindest sollte man sich eine Vertrauensperson aus dem persönlichen Umfeld suchen. Das kann ein Teamkollege oder ein Vorgesetzter sein. Sie kann man fragen, wie sie einen wahrnehmen – in Bezug auf Führung, Kommunikation, Teammanagement sowie persönliche Weiterentwicklung.

Gibt es plausible Kritik, so gilt es systematisch daran zu arbeiten. Das braucht Geduld und kostet Zeit. Nur Schritt für Schritt lässt sich eine Verbesserung des eigenen Verhaltens erzielen. Die Arbeit an sich selbst hat nichts damit zu tun, seine Persönlichkeit aufzugeben, wie viele unserer Klienten befürchten. Es geht vielmehr darum, das eigene Potenzial zu heben und mehr davon in das alltägliche Tun zu integrieren. Es geht darum, man selbst zu sein, nur mit mehr Eleganz und Souveränität. Wenn man sich, wie ich das tue, viel mit den Biografien erfolgreicher Manager beschäftigt, dann wird deutlich, dass fast alle hart an sich arbeiten mussten, um limitierende und potenziell karrieregefährdende Eigenschaften in den Griff zu bekommen. Die schlechte Nachricht ist, dass dies eine Menge harter Arbeit und Selbstreflexion erfordert. Doch es gibt auch eine gute Nachricht: Wir sind nicht die Gefangenen unserer eigenen Persönlichkeit und den damit einhergehenden Verhaltenspräferenzen. Wir haben eine Wahl. Wir können ein Verhalten wählen, dass den Präferenzen, die unsere Persönlichkeit ausmachen, zuwiderläuft, weil es die Situation erfordert und weil es uns erfolgreicher sein lässt. Das meine ich mit Eleganz und Souveränität. Jeder kann an sich arbeiten und den eigenen Werkzeugkoffer um weitere Tools anreichern.

Auf einen Blick: Die gefährlichsten Karrierefallen

- Es gibt Risikofaktoren für die Karriere, die nichts mit fachlicher Kompetenz zu tun haben: Es sind Persönlichkeitseigenschaften und Verhaltensdefizite, die früher oder später zur Karrierefalle werden können.

- Oft erkennt ein Manager sie nicht und sie werden ihm von seiner Umwelt auch nicht vermittelt. Diese blinden Flecken sind fatal: Sie führen dazu, dass kritische Karrieresituationen scheinbar aus heiterem Himmel kommen.

- Karrieregefährdende Persönlichkeitseigenschaften lassen sich in den Griff bekommen: mit Feedback von außen und Selbstreflexion – kein leichter, aber sehr lohnender Weg.

Die Kunst des Wiederaufstehens: Resilienz

Berufliche Krisen sind ganz normal. Je konstruktiver man mit ihnen umgeht, desto besser kann man sie überwinden. Dabei hilft Resilienz ungemein. Wer diese Kunst des Wiederaufstehens beherrscht, geht aus schwierigen Situationen sogar gestärkt hervor.

In diesem Kapitel erfahren Sie u. a.,

- was Resilienz ausmacht,
- welche Schutzfaktoren uns resilienter werden lassen und
- wie man sie speziell auf Führungskräfte zuschneidet.

Das Phänomen Resilienz

Wie wir gesehen haben, hängt langfristiger beruflicher Erfolg von verschiedenen Faktoren ab. Einer der dominantesten ist dabei die Fähigkeit, Rückschläge und Misserfolge konstruktiv zu verarbeiten. Die Forschungsrichtung, die sich mit dieser Art der inneren Widerstandsfähigkeit beschäftigt, nennt sich Resilienz. Der Begriff »Resilienz« leitet sich aus dem Lateinischen ab. Das Verb »resilire« bedeutet so viel wie »zurückspringen« oder »abprallen«. Der Begriff kommt ursprünglich aus der Materialwissenschaft. Dort beschreibt er die Fähigkeit eines Körpers, auf eine Einwirkung von außen elastisch zu reagieren und anschließend wieder seine ursprüngliche Form einzunehmen. Man könnte Resilienz also mit »Elastizität« oder »Wiederherstellungsfähigkeit« übersetzen. Angewandt auf den Menschen beschreibt Resilienz die Fähigkeit, Krisen unbeschadet zu bewältigen und an ihnen zu wachsen, ja, sogar gestärkt aus ihnen hervorzugehen.

Die prinzipielle Wirkungsweise von Resilienz zeigt sich in den verschiedenen Phasen, die auf ein als krisenhaft erlebtes Verhalten folgen.

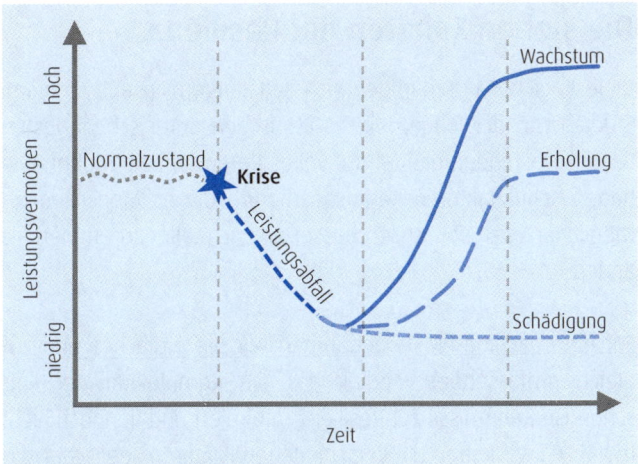

Schematische Funktionsweise von Resilienz
(nach Patterson, Goens und Reed)

Auf eine Krise folgt typischerweise eine Phase von einge-
schränkter Leistungsfähigkeit. Sie kann sich durch emotionale
Instabilität oder Niedergeschlagenheit äußern, aber auch durch
mangelnde Konzentration und Energielosigkeit. Je nach Stärke
der Krise und abhängig von der Persönlichkeitsstruktur und den
Ressourcen der betroffenen Person, entsteht wahlweise eine
dauerhafte Schädigung, z. B. in Form einer Depression, oder es
erfolgt eine Erholung und damit eine Rückkehr zum ursprünglichen Leistungsniveau. Es gibt aber auch Fälle, in denen Menschen an Krisen wachsen und aus ihnen sogar gestärkt hervor-
gehen.

Die sieben Sphären der Resilienz

Viele Forscher beschäftigen sich seit langem in aufwendigen Studien mit der Frage, wie es Menschen unter schwierigsten Lebensumständen gelingt, ihr volles Potenzial zu entfalten. Sie haben Schutzfaktoren herausgearbeitet, die es Menschen ermöglichen, sich von Krisen besser und schneller zu erholen als andere.

Für die Coaching-Praxis benötigten wir ein einfaches und zugleich umfassendes Modell, das die Komplexität der Forschungserkenntnisse zur Resilienz minimiert und dennoch nicht trivial ist. Wir haben die verschiedenen Faktoren seelischer Widerstandsfähigkeit zu einem räumlichen Konstrukt zusammengefasst: den »Sphären individueller Resilienz«. Es dient dazu, Strategien zum Erhalt der Resilienz von Führungskräften zu entwickeln sowie zu trainieren, damit sich schwierige Situationen oder Krisen weniger schwerwiegend für den betroffenen Manager auswirken oder ihn im Idealfall sogar stärken. Entwickelt wurde das Kugelsphären-Modell unter Zuhilfenahme fundierter Konzepte anerkannter Psychologen, Psychiater, Soziologen, Biologen und Hirnforscher. Näheres zu deren Erkenntnissen lesen Sie in meinem Buch »Resilienz in der Unternehmensführung«.

Das Kugelsphären-Modell

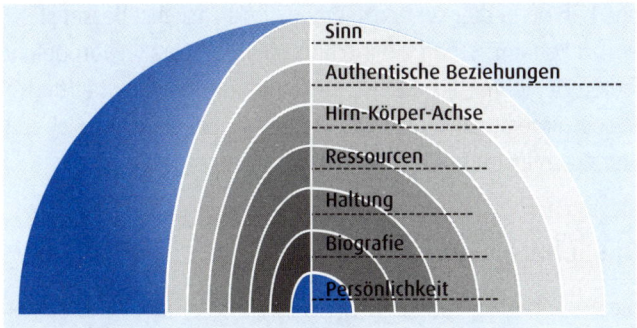

Die sieben Sphären der Resilienz

Die sieben ineinander ruhenden Kugelschalen, mit von innen nach außen zunehmendem Radius symbolisieren, dass die äußeren Ebenen der Resilienz, d. h. Sinn und authentische Beziehungen, leichter vom Individuum zu beeinflussen sind als der innere Kern, d. h. die eigene Biografie und die Persönlichkeit.

Die Sphäre »Persönlichkeit«

Die Stressresistenz eines Menschen ist eine Persönlichkeitseigenschaft, die zur einen Hälfte genetisch bedingt ist und zur anderen Hälfte von der frühkindlichen Prägephase eines Menschen abhängt. Von allen Sphären der Resilienz ist die Sphäre »Persönlichkeit« am wenigsten bewusst beeinflussbar. Grundlegende Eigenschaften wie Introversion bzw. Extraversion oder die emotionale Stabilität eines Menschen sind nur in sehr engen Grenzen willentlich dauerhaft zu ändern. Bei der Sphäre »Persönlichkeit« geht es vor allem darum, die eigenen Ecken und Kanten besser kennenzulernen, um sich selbst besser steuern zu können. Schon die Inschrift über dem Orakel von Delphi lautete: Erkenne dich selbst. Genau darum geht es bei dieser Ebene, unterstützt durch Selbstreflexion, Feedback von außen und durch Instrumente der Persönlichkeitspsychologie.

Die Sphäre »Biografie«

Die Persönlichkeit eines Menschen ist untrennbar mit seiner Vergangenheit verbunden, was wiederum Auswirkungen auf seine Einstellung zu Herausforderungen der Gegenwart und Erwartungen an die Zukunft hat. Grundlegende, unbewusste Entscheidungen das Leben betreffend, in der Psychologie auch Glaubenssätze genannt, können uns im späteren Berufsleben in die Quere kommen. Die Strategien, die in Kinder- und Jugendtagen effektiv waren, um Zuwendung zu erhalten, sind meist auch ein effektiver Antrieb für die spätere Karriere, allerdings zu einem hohen Preis. Viele Manager haben Glaubenssätze verinnerlicht wie z. B. »Wenn ich nicht alles gebe, werde ich nicht akzeptiert«. Diese tiefliegende Überzeugung setzt einerseits ungeheure Kräfte frei, andererseits kann sie sich auf Dauer negativ auf das soziale Leben, die nötige Regeneration und die persönliche Zufriedenheit eines Menschen auswirken. Solche Glaubenssätze gilt es zu überdenken und evt. mit einem Update zu versehen. Ein anderer Aspekt der Biografie sind die Krisen und schwierigen Zeiten, die ein Mensch bereits in seinem Leben bewältigt hat. Sie sind wichtige Ressourcen, wenn es darum geht, erneut mit belastenden Situationen konstruktiv umzugehen und sich davon nicht unterkriegen zu lassen.

Die Sphäre »Haltung«

Die innere Haltung eines Menschen beeinflusst seinen Umgang mit den Herausforderungen des Lebens. Sie entscheidet letztlich darüber, ob eine unvorhergesehene Entwicklung als Überforderung oder aber als Herausforderung gesehen wird. Die innere Haltung gibt den Gedanken und Gefühlen einer Person quasi eine Richtung und hat damit Auswirkungen auf die Qualität des Handelns. Sieht ein Manager sich als Gestalter, der seines eigenen Glückes Schmied ist? Oder fühlt er sich eher als »Opfer«, das sich selbst bedauert und die Verantwortung für seine Misere bei anderen sieht? Eine solche Opferhaltung drückt sich in der verbalen und non-verbalen Sprache aus. Sie vermindert die eigene emotionale Souveränität sowie das Denkvermögen und schwächt damit auch die Qualität der Entscheidungen. Und dennoch ist es nicht leicht, sich aus einer Opferhaltung zu lösen. Das wissen wir alle. In der Sphäre »Haltung« geht es daher darum, Strategien zu entwickeln, um die eigene Haltung bewusst konstruktiv beeinflussen zu können.

Die Sphäre »Ressourcen«

Ressourcen sind einfache, schnell wirksame Strategien, um das eigene Wohlbefinden gezielt zu verbessern. Sie sind der

Erste-Hilfe-Kasten für Führungskräfte und alle, die dann daran arbeiten möchten, sich zu erden, Kraft zu tanken, eine Distanz zu den Alltagsproblemen zu schaffen und sich so für schwierige Situationen zu wappnen. Die Bandbreite der möglichen Ressourcen, aus denen man neue Energie ziehen kann, ist dabei groß und individuell sehr unterschiedlich. Ressourcen müssen meist erst erarbeitet und danach regelmäßig angewendet werden, damit sie positiv wirken können.

Die Sphäre »Hirn-Körper-Achse«

Der Mensch besteht aus Körper und Geist. Beide sind eng miteinander verbunden und beeinflussen sich wechselseitig. Sie sollten deshalb gleichermaßen Beachtung finden. Dies gilt vor allem für Führungskräfte. Sie führen oft, bedingt durch lange Arbeitszeiten und häufiges Reisen, einen Lebenswandel, der einem sorgsamen Umgang mit dem Körper zuwiderläuft.

Die Arbeit an der Hirn-Körper-Achse beginnt bei der Schlafmenge und der Qualität der Ernährung und führt über verschiedene Formen der körperlichen Aktivierung, wie z. B. Walken oder Yoga bis hin zu Achtsamkeits- und Meditationsübungen. Ebenfalls gehört die Messung von körperlichen Stressindikatoren dazu, z. B. der Herzraten-Variabilität oder des Ruhepulses, mit dem Ziel, die eigene Selbstwahrnehmung zu schärfen. Die Körperebene ist besonders gut dafür geeignet, kurzfristig eine gesunde innere Distanz zu den Geschehnissen des Alltags aufzubauen. Sie senkt so das Erleben von negativem Stress. Die

Arbeit in dieser Sphäre konzentriert sich darauf, mit Hilfe des Körpers ein größeres Maß an Ausgeglichenheit sowie mehr gedankliche Klarheit zu erzielen.

Sphäre »Authentische Beziehungen«

Mit wem sprechen Sie, wenn Ihnen etwas »an die Nieren« geht? Wer bildet Ihren ganz persönlichen Aufsichtsrat? Vertrauensvolle, ehrliche Beziehungen sind gerade für Führungskräfte wichtig, da sie hier nicht die Rolle des stets souveränen Entscheiders mimen müssen, der zu allen Problemen eine Lösung parat hat. Authentische Beziehungen zu Freunden, vertrauten Kollegen, Mentoren oder einem Coach schaffen die Gelegenheit, auch einmal seine Zweifel oder Ängste zeigen zu dürfen. Das macht solche Beziehungen ausgesprochen wertvoll. Von vielen erfolgreichen Managern wird die Tragweite solcher authentischen Beziehungen unterschätzt. Der Pflege solcher Kontakte wird eine entsprechende niedrige Priorität eingeräumt – bis dann irgendwann keine Freunde mehr da sind, die noch Zeit mit einem verbringen wollen, besonders wenn es hart auf hart kommt. In dieser Sphäre geht es daher darum, das Bewusstsein für die stabilisierende Wirkung dieser sog. Critical Leader Relationships zu schaffen.

Die Sphäre »Sinn«

Beruflich engagierte und erfolgreiche Menschen führen meist ein Leben auf der Überholspur. Sie leisten viel, nehmen jede Menge Unannehmlichkeiten für ihren Job in Kauf, verzichten oftmals auf ein erfülltes Privatleben. Nur wer wirklich einen Sinn in dem sieht, wofür er sich engagiert – für den sich also sein Handeln richtig und bedeutsam anfühlt – kann beruflichem Druck und der Anfälligkeit von Lebenskrisen trotzen. In der Sphäre »Sinn« geht es folglich darum, die persönlichen Werte zu erarbeiten und herauszufinden, was wirklich bedeutsam ist im Leben des Einzelnen.

Auf einen Blick: Die Kunst des Wiederaufstehens

- Langfristiger beruflicher Erfolg hängt von verschiedenen Faktoren ab. Mit der wichtigste ist die Fähigkeit, Rückschläge und Misserfolge konstruktiv zu verarbeiten. Forscher umschreiben diese Fähigkeit mit dem Begriff Resilienz.

- Wissenschaftler haben in vielen Studien herausgefunden, welche Schutzfaktoren es sind, die es Menschen ermöglichen, sich von Krisen besser und schneller zu erholen als andere.

- Resilienz lässt sich entwickeln und trainieren. Mit Hilfe des sog. Kugelsphären-Modell lassen sich entsprechende Ansatzpunkte dafür finden.

Training für Ihre Resilienz

Resilienz lässt sich trainieren wie ein Muskel. Je häufiger und intensiver Sie dieses seelische Fitnessprogramm absolvieren, desto besser sind Sie gewappnet gegen Krisen und Rückschläge.

Dieses Kapitel enthält die passenden Trainingseinheiten und Übungen dafür.

Seelisches Krafttraining

Führungskräfte mit ausgeprägter Resilienz lassen sich von ihren negativen Emotionen und Gedanken nicht kontrollieren. Vielmehr gehen sie mit ihnen bewusst und konstruktiv um. Das ist eine Eigenschaft, die häufig auch als emotionale Agilität oder Selbststeuerung bezeichnet wird. Zahlreiche Studien legen nahe, dass emotionale Agilität Führungskräften dabei helfen kann, Stress zu managen, Fehlentscheidungen zu reduzieren sowie innovativer und leistungsfähiger zu werden.

Wie kann ein Manager aber lernen, Krisen und Rückschläge wegzustecken, ohne dabei zu Boden zu gehen? Lässt sich diese Fähigkeit überhaupt erlernen? Aktuelle Forschungserkenntnisse legen nahe, dass sich das Konstrukt der Resilienz bei einem Erwachsenen in die »rohe« Resilienz der Persönlichkeit unterteilt und außerdem in die »erarbeitete« Resilienz, die die Summe aller Bewältigungsstrategien, Einstellungen und Techniken repräsentiert, die sich ein Mensch im Laufe des Lebens erarbeitet hat, um sich bei Krisen zu stabilisieren.

> Arbeit an sich selbst, insbesondere an der eigenen Resilienz, ist nichts anderes als mentales und emotionales Kraft- oder Fitnesstraining.

Es bringt nichts, sich bei einem Fitnessstudio anzumelden und dann nicht hinzugehen. Ein Buch über Fitness zu lesen oder nur einmal im Monat zu trainieren, hat auch keinen Effekt. Fitnesstraining wirkt hingegen nachweislich immer, wenn man es diszipliniert regelmäßig zwei bis drei Mal die Woche über einen langen Zeitraum praktiziert, wenn man dabei ins Schwitzen gerät und hin und wieder sogar bis an die eigene Schmerzgrenze geht. Mit psychischer Fitness verhält es sich nicht anders. Arbeit an der eigenen Resilienz gelingt nur, wenn sie als ein innerer Prozess verstanden wird, der über viele Monate und Jahre andauert. Ein Buch oder ein Seminar ist ein guter Anfang, aber auch nicht mehr. Die eigentliche Arbeit findet in einem selbst statt, durch kritische Eigenreflexion, Selbstbeobachtung und durch das Ausprobieren von neuen Denk- und Verhaltensweisen. Mitunter bedeutet das, die dunklen Ecken im Keller aufzusuchen und sich selbst vielleicht ein paar unschöne Wahrheiten einzugestehen. Eventuell erfordert dies auch, sich selbst überhaupt erst wichtig zu nehmen und an sich selbst die gleiche Gründlichkeit und Nachhaltigkeit walten zu lassen, die man auch jedem anderen Projekt widmen würde. Arbeit an sich selbst ist nicht immer angenehm, aber sie lohnt sich. Und wie im Fitnesstraining kann man diese Arbeit alleine oder in der Gruppe machen oder begleitet durch einen Personal Trainer bzw. Coach.

> Die innere Widerstandsfähigkeit wird am effektivsten *vor* dem Eintreten einer schwerwiegenden Karrieresituation geschult und nicht erst, wenn das Kind bereits in den Brunnen gefallen ist.

Die Arbeit an der eigenen inneren Kraft kann und soll, abhängig von den Präferenzen des Einzelnen, durchaus auf verschiedenen Ebenen erfolgen. Das Modell der sieben Sphären der individuellen Resilienz (siehe das Kapitel »Die sieben Sphären der

Resilienz«) kann hier eine gute Orientierung sein, um mögliche Ansatzpunkte zu identifizieren.

Bestandsaufnahme: Wie sieht es in Ihrem Leben aus?

Generell gilt, dass die Resilienz einer Führungskraft immer dann besonders gefordert ist, wenn es in mehreren Lebensbereichen zu Krisen oder Rückschlägen kommt. Je mehr Bereiche als nicht erfüllend oder gar problematisch empfunden werden, desto negativer ist die Auswirkung auf das zur Verfügung stehende Maß an Resilienz. Wie steht es um Ihre Lebenssituation? Machen Sie eine Bestandsaufnahme: Wie sehr sind Sie mit den folgenden Lebensbereichen zufrieden? Der Wert 1 steht für unzufrieden, 10 für sehr zufrieden.

Lebensbereich	1	2	3	4	5	6	7	8	9	10
Karriere										
Geld										
Partnerschaft										
Familie										
Freunde										
Soziales Engagement										
Persönliches Wachstum										
Gesundheit										
Körper										
Seele										

Lebensbereich	1	2	3	4	5	6	7	8	9	10
Höhere Macht (Religion, Spiritualität)										
Sinn										

Auf der »Arbeitshilfen online«-Seite zu diesem TaschenGuide, in der Rubrik »Soft Skills«, http://mybook.haufe.de; Buchcode TGA-HL12 finden Sie einen ausführlichen Test mit Fragen zu den einzelnen Lebensbereichen und einer Auswertung zum Download.

Persönlichkeit: Wie gehen Sie derzeit mit Krisen um?

Wie bereits gezeigt, hat die persönliche Grundausstattung eines Menschen starke Auswirkung auf seine Resilienz. Ziel sollte es daher sein, zunächst die Aspekte und Facetten der eigenen Persönlichkeit zu reflektieren: Wie gehen Sie aktuell mit Rückschlägen um? Welche Ihrer Persönlichkeitszüge sind dabei hilfreich, welche eher hinderlich? In welche Denkfallen geraten Sie für gewöhnlich unter großem emotionalem Stress? Wie gut sind Sie allgemein darin, sich selbst zu steuern? Bei diesen Überlegungen kann Ihnen die SWOT-Analyse helfen. SWOT steht für Strength (Stärke), Weakness (Schwäche), Opportunity (Chance) und Threat (Risiko). Auch wenn die Methode eigentlich zur Strategieentwicklung in Unternehmen gedacht ist, so lässt sie sich doch auch bestens für die Bestandsaufnahme der eigenen inneren Widerstandsfähigkeit einsetzen. Wichtig ist dabei nicht die Methode an sich, sondern die tiefe Eigenreflexion, die für viele Manager nach meiner Erfahrung immer wieder eine Herausforderung ist. Viele Führungskräfte sind von Hause aus eher Macher als Denker.

Nehmen Sie sich Zeit für die Eigenreflexion mit der SWOT-Analyse. Wie gehen Sie aktuell mit Rückschlägen um? Was klappt, was funktioniert nicht so gut? Was wollen Sie zukünftig besser machen und was gilt es auf jeden Fall zu vermeiden?

Beispiel für eine SWOT-Analyse zum Umgang mit Schwierigkeiten	
Strength (Stärke)	**Weakness (Schwäche)**
• Bin meist ausgeglichen • Kann gut mit Stress umgehen, wenn ich Sport mache und genug schlafe • Bin erfolgreich	• Unsicherheit strengt mich an • Versuche, Konflikte zu vermeiden • Neige zu Selbstzweifeln
Opportunity (Chance)	**Threat (Risiko)**
• Unsicherheit eher als Chance sehen • Konstruktiveren Umgang mit Konflikten finden • Konsequenter meine Interessen vertreten	• Komme leicht in eine Abwärtsspirale, wenn ich nicht gut für mich sorge • Neige zu Katastrophen-Szenarien

Biografie: Wie Sie Kraft aus der Vergangenheit ziehen

Die Art, wie ein Mensch seine Lebensgeschichte sieht, insbesondere sein Blick auf schwierige Phasen und belastende Erlebnisse, ist entscheidend für seine Haltung gegenüber Gegenwart und Zukunft und damit auch für seine Resilienz. Da das menschliche Gedächtnis in Geschichten und Bildern organisiert ist und nicht zwischen Sinneseindrücken, Sachinhalten und emotionaler Bewertung unterscheidet, ist die eigene Lebensgeschichte nicht statisch. Vielmehr ist sie insbesondere in Bezug auf die emotionale Bewertung von vergangenen Ereignissen durchaus veränderbar. Um die innere Widerstandsfähigkeit zu stärken, macht es von daher Sinn, sich einmal intensiver mit der eigenen Geschichte zu beschäftigen.

Die eigene Geschichte erzählen

Wie ist Ihr Leben bisher verlaufen? Die meisten Menschen erinnern sich spontan an eine Handvoll Ereignisse, die ihr bisheriges Leben geprägt haben. Diese Ereignisse stechen in der Erinnerung heraus. Andere Ereignisse verblassen dagegen.

Manche fühlen sich unwohl, wenn es um die Arbeit an der eigenen Geschichte geht. Insbesondere belastende Situationen in der Kindheit sind häufig sauber abgespalten und schlummern im Bereich des vermeintlich Vergessenen. Die Konfrontation damit ist manchmal unangenehm und steht im starken

Kontrast zur heutigen Souveränität und Stärke. Dennoch ermutige ich Manager, sich mit den dunklen Ecken im eigenen Keller zu beschäftigen, denn nur so verlieren diese ihren Schrecken.

Die eigene Lebensgeschichte kann man sehr detailliert oder sehr grob beschreiben. Am besten ist es, dies so detailliert und facettenreich wie möglich zu tun. Entscheidend ist dabei einzig und allein, was für den Erzählenden bedeutsam erscheint.

- Erstellen Sie zunächst eine Übersicht zentraler Lebensereignisse, angefangen von Ihrer Kindheit.

- Notieren Sie anschließend zu jedem Ereignis Ihr damals empfundenes Maß an Lebensenergie bzw. Wohlbefinden (+10 bis -10).

- Visualisieren Sie diese Ereignisse in einem Diagramm wie unten dargestellt.

- Welche wesentlichen Erkenntnisse haben Sie in Ihrem Leben gewonnen? Welche grundlegenden Entscheidungen haben Sie getroffen? Was gibt Ihnen heute noch Kraft? Machen Sie Ihre Entscheidungen und Erkenntnisse im Diagramm kenntlich.

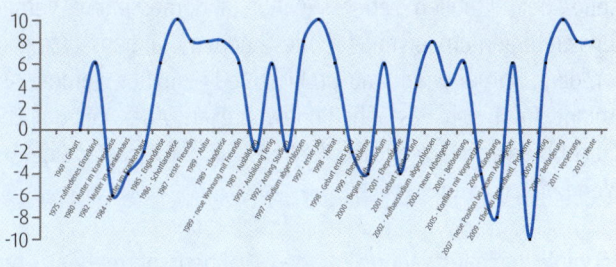

Dokumentation zentraler Ereignisse der eigenen Lebensgeschichte

Was fällt Ihnen auf?

Glaubenssätze transformieren

Ein Mitbringsel aus unserer Kindheit und Jugend sind Glaubenssätze. Sie lassen sich als kindliche Strategien verstehen, elter-
liche Aufmerksamkeit und Fürsorge zu erlangen. Diese einmal
erlernten Strategien behalten dabei bis ins Erwachsenenalter
ihre Gültigkeit, obwohl sich das Bezugssystem mittlerweile vollständig verändert hat. An die Stelle der Herkunftsfamilie sind
die eigene Familie und der Arbeitgeber getreten und aus dem
kleinen Jungen oder Mädchen wurde zwischenzeitlich eine erfolgreiche Führungskraft. Und dennoch sind die Glaubenssätze
weiterhin aktiv, was man am besten beobachten kann, wenn
ein Manager unter Stress gerät.

Da sich existierende Glaubenssätze aus hirnbiologischer Sicht
nicht löschen lassen, gilt es, sie zu identifizieren und sie in

neue, der aktuellen Lebenssituation angemessenere Verhaltensstrategien umzuwandeln. Diese neuen Glaubenssätze sollten dann immer wieder ausprobiert und eingeübt werden. Am Anfang fühlt sich das sehr ungewohnt an. Aber mit der Zeit macht man sich den neuen Glaubenssatz durch beständige Anwendung zu eigen.

Es kann durchaus mehr als einen Glaubenssatz geben. Doch meist ist eines dieser mentalen Muster dominant. Um diesen Glaubenssatz zu finden, ist es sinnvoll, eine Logik im Sinne von »Wenn [Verhalten], dann [negative Konsequenz]« zu unterstellen, denn so lässt sich sowohl die getroffene Entscheidung zum Verhalten als auch deren Auswirkung beschreiben. Wie die Erfahrung zeigt, ähneln sich die Glaubenssätze verschiedener Menschen, was die Suche nach dem für eine Person richtigen Satz erleichtert. Ob ein Satz »passt«, lässt sich dabei nur von der Person selbst wahrnehmen. In der Regel kann der Einzelne sehr eindeutig benennen, ob sich ein Glaubenssatz stimmig anfühlt.

Im ersten Schritt geht es darum, den ersten Teil, also das beschriebene Verhalten des mentalen Musters zu finden. Hierbei kann die folgende Tabelle helfen, wobei die Formulierungen natürlich individuell abweichen können. Ein Glaubenssatz basiert auf kindlicher Logik und wirkt daher einfach und eher undifferenziert. Welcher Satzbeginn passt am ehesten zu Ihnen?

Beispiele für Anfänge von Glaubenssätzen – Verhalten	
Negativ formuliert	**Positiv formuliert**
Wenn ich nicht perfekt bin	Wenn ich mich zeige
Wenn ich es nicht allen Recht mache	Wenn ich erfolgreich bin
Wenn ich nicht stark bin	Wenn ich bin wie alle
Wenn ich nicht alles gebe	Wenn ich Hilfe brauche
Wenn ich nicht vorsichtig bin	Wenn ich Gefühle zeige

Der zweite Teil des Glaubenssatzes beschreibt die negative Konsequenz aus Sicht des Kindes. Sie erscheint aus der Perspektive eines Erwachsenen typischerweise übertrieben und einseitig, da Große nicht mehr so magisch denken, wie Kinder das noch tun. Die Endungen von Glaubenssätzen variieren meiner Erfahrung nach individuell mehr als die Anfänge. Hier ist es besonders wichtig, die passenden Begrifflichkeiten zu finden, die die emotionale Verbindung herstellen. Die folgende Tabelle kann hierzu einige Anregungen geben. Welches Satzende passt für Sie am besten?

Beispiele für Endungen von Glaubenssätzen – negative Konsequenz		
dann werde ich:	**dann habe ich:**	**dann gehe ich:**
... nicht geliebt.	... Angst.	... unter.
... nicht beachtet.	... Furcht.	vor die Hunde.
... ausgestoßen.	... Panik.	... kaputt.
... klein gemacht.	... Not.	... drauf.

Im nächsten Schritt geht es darum, eine emotionale Kosten-/ Nutzenbetrachtung für den Glaubenssatz zu erstellen. Auch wenn ein Glaubenssatz häufig als störend empfunden wird, so ist er doch als ehemalige Bewältigungsstrategie und daher als vormals hilfreich zu würdigen. Kein Glaubenssatz ist ausschließlich schlecht oder gut. Vielmehr hat er einerseits nützliche Aspekte und andererseits einen Preis, den man für ihn zahlt. Die Kosten-/Nutzenbetrachtung ist Ergebnis einer umfangreichen Eigenreflexion.

Der letzte Schritt zur Transformation von Glaubenssätzen ist der eigentliche kreative Prozess. Hierbei geht es darum, die wesentlichen Aspekte des ursprünglichen Satzes dergestalt neu zu kombinieren, dass er den gleichen Nutzen bringt, allerdings bei deutlich reduzierten Kosten. Der so entstehende neue Glaubenssatz soll dabei eine Herausforderung darstellen, die, prinzipiell und realistisch gesehen, erreichbar erscheint, die nicht überfordert. Der neue Glaubenssatz muss kraftvoll sein, daher ist auch die Stimmigkeit der Worte sehr wichtig.

Alter Glaubenssatz: Wenn ich nicht alles gebe, dann gehe ich unter!	
Kosten	**Nutzen**
• «Fremdbestimmung» von innen	• Erfolg
• Unbarmherzigkeit	• Sicherheit
• Getriebener	• Selbstbewusstsein, Stolz
	• Unabhängigkeit
Neuer Glaubenssatz: Wenn ich mir vertraue, bin ich richtig gut!	

Ist der neue Glaubenssatz erst einmal gefunden, muss er eingeübt werden. Das funktioniert nur, wenn Sie sich zunächst regelmäßig an Ihr neues mentales Muster erinnern. Dies kann durch verschiedene visuelle Erinnerungshilfen passieren. Sehr praktisch und daher beliebt sind Bilder, die die betroffene Person mit dem Glaubenssatz verbindet, die aber für andere Menschen keine Bedeutung haben, wie z.B. eine Naturaufnahme. Welche Erinnerungshilfe ist passend für Sie?

Haltung: Auf die richtige Einstellung kommt es an

Die Einstellung oder innere Haltung eines Managers ist entscheidend für die Art, wie er mit belastenden Situationen umgeht. Sie hat daher einen maßgeblichen Einfluss auf seine innere Widerstandsfähigkeit. Sie entscheidet darüber, ob eine schwierige Entwicklung eher als Herausforderung verstanden wird, die Ansporn zur Höchstleistung ist, oder aber als Überforderung, die früher oder später in die Resignation führt. Die innere Haltung eines Menschen ist etwas Unwillkürliches, d. h., sie wird typischerweise nicht bewusst eingenommen, ist aber wahrnehmbar und kann daher auch mit einiger Übung beeinflusst werden. Mit den folgenden Ansätzen können Sie Ihre innere Haltung bewusst wahrnehmen und verbessern.

Selbstverantwortung stärken

Die Resilienzforschung ist sich einig: Ein hohes Maß an Selbstverantwortung ist ein entscheidender Aspekt der inneren Energie, die Menschen unbeschadet Krisen überstehen lässt. Das bedeutet konkret, dass diejenigen, die für alle Aspekte ihres Lebens in Vergangenheit, Gegenwart und Zukunft die volle Verantwortung übernehmen, eher mehr innere Stärke und Widerstandsfähigkeit mobilisieren können als andere, die das nicht tun. Die Aspekte unseres Lebens lassen sich dabei vereinfachend in drei verschiedene Bereiche unterteilen.

- Den ersten Bereich »Kontrolle« können wir direkt steuern. Dieser umfasst z. B. den eigenen Körper, die Familie, das Team, die Abteilung und das Verhältnis zu Mitarbeitern, Kollegen und Vorgesetzten. In diesem Bereich kann jeder einen direkten Unterschied machen.

- Der zweite Bereich »Einfluss« beinhaltet alle Aspekte des Lebens, die ein Mensch indirekt beeinflussen kann. Dazu gehören z. B. das Betriebsklima, die Strategie des Bereichs, Innovationen oder die Förderung bestimmter Initiativen.

- Der dritte Bereich »Sorge« lässt sich hingegen vom Einzelnen auch bei größtem persönlichen Einsatz so gut wie gar nicht beeinflussen. Um diesen Bereich kann man sich nur Gedanken machen, z. B. um die Firmenstrategie.

Auf welchen dieser Bereiche verwenden Sie den größten Teil Ihrer Energie? Wo üben Sie direkt oder indirekt Einfluss aus und übernehmen Verantwortung für die Geschehnisse? Und wie viel Zeit verwenden Sie darauf, sich über Dinge aufzuregen, die Sie nicht beeinflussen können?

Gerade in Unternehmen, die vielen Veränderungen ausgesetzt sind, trifft man oft auf hochrangige Führungskräfte, die eine Menge Zeit und Energie darauf verwenden, sich über Dinge zu beklagen, die schiefgelaufen, aber nicht mehr veränderbar sind. In dieser Zeit nutzen sie nicht die ihnen zur Verfügung stehenden Handlungsspielräume. Dies ist zwar menschlich, aber nicht sonderlich sinnvoll. Menschen mit einem hohen Maß an Resilienz beschäftigen sich hingegen sehr viel mit den Bereichen, die sie direkt kontrollieren und indirekt beeinflussen können und verbringen vergleichsweise wenig Zeit damit, sich um Dinge zu sorgen, die außerhalb ihres Machtbereichs oder in der Vergangenheit liegen.

Noch deutlicher wird es, wenn persönliche Niederlagen hinzukommen und Manager in die Rolle des Opfers verfallen. Dadurch wird der Bereich, den sie kontrollieren oder beeinflussen können, nochmals künstlich verkleinert, und zwar durch ihr eigenes Zutun. Das Schwierige daran ist, dass sich diese Führungskräfte häufig nicht bewusst sind, was sie da tun, selbst dann nicht, wenn man sie darauf hinweist. Die reflexhafte Gewohnheit, andere für das eigene Ungemach verantwortlich zu machen, ist bei vielen lange antrainiert. Trifft das auch auf Sie zu? Wo sind Sie in der Opferhaltung? Was ist Ihr Vorteil daraus, sich als Opfer zu fühlen und nicht die Verantwortung für sich zu übernehmen? Was wird dadurch besser, was wird schlechter? Was brauchen Sie von sich, um die Opferrolle zu verlassen?

Innere Führung übernehmen

Manchmal laufen in unserem »inneren Theater« Vorstellungen, die wir gar nicht bestellt haben. Selten sind es Premieren, meist sind es neue Interpretationen von bereits gut bekannten Stücken. Dann sind Emotionen und Gedanken am Werk, die die Kontrolle über unser Innenleben übernommen haben und sich negativ auf unsere innere Stärke und Widerstandskraft auswirken. Der US-amerikanische Psychologe Derek Roger bezeichnet dies als »geistiges Wiederkäuen«. Sein Kollege Albert Ellis, einer der Begründer der Kognitiven Verhaltenstherapie, nannte dieses Phänomen lange vor ihm als »automatische Gedanken«.

BEISPIEL

Das Projekt eines Managers, in das er bereits sehr viel Arbeit und Herzblut investiert hatte, ist gestoppt worden. Das verletzte Kind in ihm schreit: »So eine Sauerei!«. Es beschwert sich tagelang immer wieder. Der ewige Skeptiker in ihm legt noch den Finger in die Wunde und murmelt beständig: »Ich hab's dir ja gleich gesagt!«. Bei dem ganzen Lärm im Kopf kann es leicht zu karriereschädigendem Verhalten kommen, z. B. wenn der Manager »aus der Rolle« fällt und verbal um sich schlägt.

Kennen Sie solche Gedankenschleifen auch bei sich? Es ist wesentlich leichter, ein solches Denkmuster zu identifizieren, als es zu unterbrechen oder gar zu beenden, nicht wahr? Ein hilfreicher Ansatz dazu ist es aus unserer Sicht, sich ein inneres

Theater oder Team vorzustellen, wie es der deutsche Kommunikationswissenschaftler Friedemann Schulz von Thun beschrieben hat. Das Team oder die Schauspieler repräsentieren dabei die verschiedenen eigenen Persönlichkeitsanteile bzw. die inneren Stimmen, die viele Menschen »hören«, wenn sich in ihnen innere Konflikte abspielen und sie sich deswegen hin- und hergerissen fühlen. Die Stimmen sind natürlich für jede Person individuell verschieden. Es sind aber immer mehrere, und sie unterscheiden sich oft in der jeweiligen Lautstärke.

BEISPIEL

Eine Stimme ist vielleicht der »Reichsbedenkenträger«, die immer schon alles besser wusste und schon immer gegen das Projekt war. Ein anderer Akteur ist möglicweise der »Empörte«, der sich oft ungerecht behandelt fühlt und die Schlechtigkeit der Welt beklagt. Solche Stimmen sind sehr laut und oft richtig zeternd. Aber es gibt auch leisere Stimmen, die im allgemeinen Lärm leicht überhört werden. Vielleicht ist da der Nüchterne, der in der Lage ist, die Situation von ihrer sachlichen Seite zu sehen, und die Entscheidung daher nachvollziehen kann. Vielleicht gibt es auch die Stimme des Genießers, die sich darüber freut, dass man nun wieder weniger Verantwortung tragen muss.

Welches Stück wird bei Ihnen aufgeführt? Welche Stimmen sind dabei typischerweise auf der Bühne? Was sagen die einzelnen Akteure?

Das Team oder Ensemble wird dabei von einem Teamleiter bzw. einem Regisseur geleitet. Diese Rolle muss als einzige bewusst installiert werden, damit das Team nicht kopflos umherirrt. Sie entspricht dem erwachsenen, souveränen Persönlichkeitsanteil. Die Aufgabe des Teamleiters ist es dabei zunächst, alle Stimmen einzeln anzuhören, und zwar sowohl die lauten als auch die leisen. Im inneren Dialog wird gedanklich jede Stimme um ihre Meinung gebeten, und ihre Motive bzw. höhere Absichten werden erfragt. Dabei ergibt sich in der Regel, dass die höheren Absichten aller Stimmen sehr ähnlich sind. Typischerweise geht es darum, die eigene Person zu schützen bzw. vor Schmerz zu bewahren. Aber jede Stimme hat einen anderen Ansatz, dieses höhere Ziel zu erreichen. Ein innerer Konflikt entsteht also in der Regel aufgrund unterschiedlicher Lösungsstrategien, obwohl die höhere Absicht der inneren Teammitglieder ähnlich oder gleich ist. Wurden alle Stimmen gehört, trifft der innere Chef eine Entscheidung, die von allen getragen wird.

Dieser gedankliche Vorgang ist für viele Manager eher ungewohnt und erfordert einiges an Übung, weswegen die einzelnen Schritte häufig im Rahmen einer Coaching-Sitzung gegangen werden. Das Verfahren ist erfahrungsgemäß eine zuverlässige Hilfe, wenn sich Emotionen und Gedanken infolge eines belastenden Ereignisses verselbstständigen.

Realistischen Optimismus praktizieren

Manager, die mit großer Energie ihre Ziele verfolgen, neigen nach einiger Zeit dazu, einen Tunnelblick zu entwickeln, der gefährlich für sie werden kann. Sie fokussieren alle Aufmerksamkeit auf ihren Erfolg und das Erreichen ihrer Ziele. Da sie mit hoher Geschwindigkeit agieren, nehmen sie ihre Umgebung und alles, was nicht auf dem direkten Weg zu ihrem Ziel liegt, nur noch undeutlich wahr – ähnlich wie ein Autofahrer, der mit hoher Geschwindigkeit unterwegs ist.

Dieses Verhalten macht sie anfällig für böse Überraschungen. Führungskräfte mit einer ausgeprägten Resilienz gehen dagegen stets davon aus, dass sich ihnen Probleme in den Weg stellen werden, die sie umso besser bewältigen können, je eher sie darauf vorbereitet sind. Führungskräfte, die von krisenhaften Entwicklungen »kalt erwischt« worden sind, haben meiner Erfahrung nach in aller Regel einige deutliche Warnsignale übersehen oder überhört, entweder aufgrund ihrer hohen inneren Geschwindigkeit oder aufgrund eines ausgeprägten Zweckoptimismus. Die meisten dieser Krisen wären in der Rückbetrachtung tatsächlich vermeidbar gewesen, hätten sie ein bisschen auf ihre Umwelt geachtet. Die Studie zu diesem Buch bestätigt das. So gaben 65 % der teilnehmenden Manager an, eine Mitverantwortung am Eintritt der kritischen Karrieresituationen gehabt zu haben, indem sie politischen Aspekten nicht genug Aufmerksamkeit schenkten. 40 % waren über blinde Flecken in ihren Verhaltensmustern gestolpert und immerhin 14 % waren zu wenig einsichtig, wenn es darum ging, Feedback zu ihrem Verhalten ernst zu nehmen.

Das Ergebnis von einseitiger Fokussierung ist ein Tunnelblick mit einem ausgeprägten toten Winkel, der für Manager leicht gefährlich werden kann. Um sich gezielt auf evt. entstehende Probleme vorzubereiten, hilft es daher, von Zeit zu Zeit innezuhalten und sich einmal gründlich mit einem Rundumblick in seinem System umzuschauen. Holen Sie gezielt Feedback ein von Menschen, denen Sie vertrauen. Wie werden Sie wirklich gesehen? Was von Ihrem Verhalten kommt gut an? Wann ecken Sie an? Fragen Sie sich auch, wie es sonst in Ihrem System aussieht. Mit wem stehen Sie in Beziehung? Wer sollte Sie kennen, wen sollten Sie kennen? Worauf müssen Sie Ihre Aufmerksamkeit fokussieren? Wo müssen Sie Beziehungsarbeit leisten, wo Risikominimierung betreiben? Wer verfolgt Interessen, die Ihnen zuwiderlaufen? Wer könnte ein Verbündeter für Sie sein?

Viele Manager nutzen einen Coach für solche Betrachtungen, doch das ist gar nicht zwingend nötig, wenn die Systematik erst einmal klar ist. Diese Risikobetrachtung des eigenen Systems sollte mindestens einmal im Quartal durchgeführt werden, um unliebsamen Überraschungen vorzubeugen.

Gesunde Distanz einnehmen

Wer sind Sie, wenn Sie keiner sieht? Wer sind Sie ohne Ihre Ausbildung, ohne Position und Titel? Wer sind Sie ohne Ihre Mitarbeiter, ohne Ihren reservierten Parkplatz, ohne sonstige Statussymbole? Diese unangenehmen Fragen stelle ich vielen Topmanagern. Und die Reaktionen darauf reichen von Unverständnis über tiefe Einsichten bis hin zur Existenzangst.

Verantwortung ist ungemein sinnstiftend, d.h., sie gibt uns einen Grund, morgens energiegeladen aufzustehen und die Welt zu bereisen. Es ist für uns wichtig, gebraucht und gewollt zu werden und etwas zu sagen zu haben. Status, Gestaltungs-spielraum, Macht und Gehör bei den noch Mächtigeren wirken positiv verstärkend auf Selbstwertgefühl und Resilienz. Die Position, die ein Manager bekleidet, lässt viele mit der Zeit größer und bedeutsamer erscheinen, als sie sich eigentlich tief drinnen fühlen. Dann richtet sich das eher schwache Ego an einer großen Position auf und stärkt sich dadurch. Dagegen ist prinzipiell nichts zu sagen, denn Wachstum im Management funktioniert oft nach dem Motto »Fake it until you make it« (zu Deutsch: »Tu so, dann wirst du so«).

Wenn Rolle und Person eins werden

Problematisch wird es, wenn aus einem hohen Maß an Identifikation mit der Rolle eine vollständige Verschmelzung und damit eine Abhängigkeit wird. Dann verwechselt die Führungskraft, dass die Aura der Macht, die sie umgibt, und die Autorität, die sie bei ihren Mitarbeitern genießt, nicht ihr gelten, sondern der Rolle, die sie innehat. Die Zusammenarbeit zwischen Führungskraft und Mitarbeiter basiert allerdings nicht nur auf einem legalen, sondern auch auf einem emotionalen Kontrakt. Die Führungskraft kann vom Mitarbeiter Leistung, Respekt und Loyalität erwarten, dafür erwartet der Mitarbeiter umgekehrt eine Vorbildfunktion, Führung und Unterstützung von seinem Vorgesetzten. Die Tatsache, dass jemand Mitarbeiter ist und der andere die Führungskraft, ist dabei oft eher zufällig oder in externen Faktoren, wie z.B. dem Lebensalter, begründet. Personen sind austauschbar, Rollen bleiben. Vergisst dies ein

Manager, dann bekleidet er nicht mehr die Rolle, sondern er wird zu der Rolle. Wird er geschasst, dann fällt er tief, was auch seine Resilienz arg in Mitleidenschaft zieht. Nicht selten sind depressive Episoden und Sinnkrisen die Folge.

Wie ist das bei Ihnen? Was ermöglicht Ihnen Ihre Rolle? Füllen Sie sie innerlich ganz aus? Wie sehr brauchen Sie Ihre Rolle? Wozu gibt sie Ihnen das Recht?

Indizien dafür, dass ein Manager irgendwann selbst von der Wichtigkeit und Andersartigkeit seiner Person überzeugt ist, sind ethisch indiskutable Verhaltensweisen, wie z. B. das Runterputzen von Mitarbeitern in einem Meeting oder fehlende finanzielle Bescheidenheit trotz wirtschaftlich angespannter Lage des Unternehmens. Was hier hilft, sind ehrliches Feedback und die Arbeit an der eigenen Demut. Je weniger Sie sich selbst für etwas Besseres halten, desto mehr Bodenhaftung behalten Sie, und desto weniger tief können Sie fallen.

Der Führungsansatz, der sich bei solchen Managern anbietet, ist die vom US-amerikanischen Management-Autor Robert Greenleaf bereits 1970 geprägte Idee des »Servant Leadership«, also der dienenden Führung, die sich konsequent an den Bedürfnissen der Mitarbeiter orientiert. Thomas Sattelberger, ehemaliger Personalvorstand der Telekom, sagte dazu: »In einem Dienstleistungsunternehmen muss Führung eine ausgeprägt dienende Komponente haben und nicht als Positionsmacht gelebt werden ... Offensichtlich habe ich das nicht hingekriegt.«

Selbstkritische Worte. Wie sehr dienen Sie denn Ihrem Unternehmen und seinen Mitarbeitern?

Eine andere, weitaus kleinere Gruppe von Führungskräften läuft aus einem anderen Grund Gefahr, die Trennung zwischen Rolle und Person zu vergessen. Ihnen geht es weniger um Statussymbole, Macht und Habitus. Ihre Gedanken kreisen weniger um eigene Interessen. Diesen Managern geht es um ihre Ideale, um etwas, das größer ist als sie selbst. Kennen Sie das auch von sich? Während der karriereorientierte Executive riskiert, irgendwann in seiner Karriere in eine Sinnkrise zu stürzen, verspürt der idealistische Manager Sinn im Überfluss. Da alles, was er tut, einem höheren Zweck dient, wie z.B. der Familie, der Firma oder der Gesellschaft, ist auch all dies sehr bedeutsam für ihn, und es gibt ihm viel Kraft. Diese Führungskräfte sind sehr diszipliniert und beuten sich regelrecht selber aus für die gute Sache. Ihre Gefahr ist die totale Erschöpfung. Man könnte meinen, dieser Typus wäre ausschließlich im sozialen Bereich anzutreffen. Dem ist aber nach meiner Erfahrung nicht so. Auch der deutsche Mittelstand und einige Konzerne sind geprägt von dieser stark werteorientierten Sorte Mensch. Solche Führungskräfte brauchen sich nicht in »Servant Leadership« zu üben, sie praktizieren es automatisch jeden Tag. Ihre Herausforderung liegt darin, auch mal an sich zu denken und ein gesundes Maß an Egoismus zu kultivieren. Dazu muss meist erst der Glaubenssatz bearbeitet werden, dass man keine eigenen Ansprüche stellen darf. Wie ist das bei Ihnen?

Aus Sicht der Resilienz gibt es dabei kein »gut« oder »schlecht«. Beide Extreme brauchen eine Portion der Gegenseite, um ihre Resilienz zu schützen. Der karriereorientierte Manager braucht das Element der Demut, um sich selbst nicht mit seiner Rolle zu verwechseln. Der idealistisch geprägte Chef braucht ein Stück Egoismus, um die eigenen Bedürfnisse nicht zu vergessen. Was brauchen Sie?

Bewusst Dankbarkeit praktizieren

Die US-Armee ist mit insgesamt 1,1 Millionen zivilen und militärischen Angehörigen und einem Etat von über 200 Milliarden US-Dollar die größte, komplexeste und wohl auch teuerste Organisation der Welt. Sie steht kaum im Verdacht, in übertriebenem Maße experimentierfreudig oder besonders menschenfreundlich zu sein. Aber die Army hat ein großes Problem, denn im Jahr 2013 starben erstmals mehr Soldaten an Selbstmord als durch feindliches Feuer. George W. Casey Jr., ein heute pensionierter US-amerikanischer Vier-Sterne-General und ehemaliger Stabschef der US Army, rief als Reaktion auf diese sich abzeichnende Entwicklung bereits im Oktober 2009 das weltweit größte Förderprogramm für Resilienz unter dem Namen »Comprehensive Soldier and Family Fitness« ins Leben. Das Programm ist auf mehrere Jahre angelegt und war ursprünglich mit einem Budget von 140 Millionen US-Dollar ausgestattet. Es soll mittels verschiedener Maßnahmen rund eine Million Angehörige der US Army und deren Familien gegen die traumatischen Erfahrungen eines lang andauernden Kriegseinsatzes wappnen. Zu diesen Maßnahmen gehören freiwillige Online-Kurse, ein On-line-Portal für Soldaten und Familien zur vertraulichen Selbst-einschätzung ihrer persönlichen Resilienz-Situation sowie die 10-tägige Ausbildung von speziell dafür freigestellten Soldaten zu sog. Master Resilience Trainern, die dann als Ansprechpart-ner für die Soldaten an der Front zur Verfügung stehen, wo sie auch Resilienz-Kurse abhalten.

Die wesentlichen konzeptionellen Wurzeln des Programms lie-gen im sog. Penn Resiliency Program, das von Jane Gillham, Karen Reivich und Martin Seligman 1994 an der University of Pennsylvania entwickelt wurde. In diesem Programm werden Elemente aus der Kognitiven Verhaltenstherapie und der Positi-ven Psychologie zu einem Curriculum kombiniert, das Schülern und Studenten dabei helfen soll, belastende und frustrieren-de Situationen besser zu bewältigen. In über 20 unabhängi-gen Studien wurde mittlerweile nachgewiesen, dass es das Auftreten von mittleren bis schweren depressiven Symptomen über einen Zeitraum von bis zu 24 Monaten gegenüber einer Kontrollgruppe reduziert. Auch das Auftreten von Ängsten und Gefühlen von Hoffnungslosigkeit konnte damit nachweislich vermindert werden. Dagegen nahmen Optimismus und das all-gemeine Wohlbefinden zu.

Eine der zentralen Interventionen beider Programme ist inte-ressanterweise eine Übung zum bewussten Praktizieren von Dankbarkeit. Im Armeejargon trägt sie den plakativen Namen »Hunting the Good Stuff«. Im Kern besteht die Übung aus einer täglichen Reflexion über die guten Dinge, die einem heute widerfahren sind. Dabei sollen von den Teilnehmern täglich mindestens drei Ereignisse niedergeschrieben werden, für die diese echte Dankbarkeit empfinden. Das liest sich deutlich einfacher, als es letztlich ist. Probieren Sie es doch selbst einmal aus.

Übung: Praktizieren von Dankbarkeit

Für welche drei Ereignisse, Begegnungen, Gespräche, Gesten etc. verspüren Sie gerade Dankbarkeit? Schreiben Sie sie auf.
Nicht damit gemeint sind übrigens generelle Ereignisse, wie die Tatsache, dass Sie am Leben sind, und dass es Menschen gibt, die Sie lieben. Vielmehr geht es hier um mitunter sehr kleine Dinge, die sich heute ereignet haben.

Und jetzt stellen Sie sich vor, Sie befinden sich in einem Kriegsgebiet in einer heißen, sandigen Gegend umgeben von fremden Menschen, die Sie töten wollen, weit weg von Ihrer Familie, und zwar für viele Monate. Wie leicht fällt es wohl den Soldaten, täglich drei Events zu finden, für die sie echte Dankbarkeit verspüren? Das ist tatsächlich harte Arbeit. Der Trick dabei ist, dass man nicht in einer Opferhaltung und gleichzeitig dankbar sein kann. Probieren Sie es mal aus. Selbstmitleid, Ausweglosigkeit, Rechthaben und Passivität lassen sich nur schwer empfinden, wenn man sich zeitgleich darauf konzentriert, für welche Geschehnisse man tiefe Dankbarkeit verspürt.

Die neurobiologische Grundlage für diese Intervention ist das sog. Hebb'sche Gesetz. Der kanadische Psychologe Donald Hebb postulierte bereits im Jahre 1949 eine These, die mittlerweile hinlänglich bewiesen ist: What fires together, wires together. Das bedeutet, dass Neuronen verschiedener Hirnareale, die regelmäßig gemeinsam erregt werden, mit der Zeit immer stärkere Vernetzungen ausbilden, bis sie schließlich zu einem eigenständigen Erregungsmuster geworden sind. Je öfter Sie also bewusst Dankbarkeit empfinden, desto mehr werden Ihre neuronalen Netze, die für diese Emotion zuständig sind, gestärkt und verfestigt. Gleichzeitig wird durch die tägliche Übung Ihre Aufmerksamkeit geschult, und Sie nehmen auch während des Tages eher diejenigen Dinge wahr, die Sie als positiv empfinden.

In Resilienz-Workshops und in der Einzelarbeit mit Klienten nutze ich diese Methode regelmäßig. Die Ergebnisse sind wirklich verblüffend. Bereits nach wenigen Wochen berichten die Manager von spürbaren Veränderungen in ihrem Wohlbefinden, ihrer Souveränität und der Fähigkeit, eine gesunde Distanz zu schwierigen Situationen einzunehmen.

Ressourcen: der private Erste-Hilfe-Koffer

Welche Mechanismen haben Sie entwickelt, um Stress abzubauen, wenn Sie angespannt sind? Wie fahren Sie Ihre Energie hoch, wenn Sie vor einem wichtigen Termin stehen? Welche Werkzeuge nutzen Sie, um sich besser zu organisieren? Wovor halten Sie sich bewusst oder unbewusst fern? All dies sind Ressourcen, die Sie für sich entwickelt haben. Ressourcen sind Kompetenzen, um sich selbst emotional zu steuern. Je mehr

Sie davon haben und je flexibler Sie diese einsetzen können, desto besser. Sie helfen Ihnen, besser mit herausfordernden Situationen umzugehen und damit Ihre individuelle Resilienz zu steigern. Demgegenüber stehen Situationen, Verhaltensweisen oder konkrete Menschen, die Sie auf unerklärliche Weise Energie verlieren lassen, so wie eine elektrische Batterie, die bei Kälte viel mehr Energie verliert als bei Wärme. Oft bekommt man erst im Nachhinein mit, wenn man es mit Energieräubern zu tun hatte.

Nehmen Sie sich ein paar Minuten Zeit für eine erste Energiebilanz.

Was gibt Ihnen Energie?	Was lässt Sie Energie verlieren?

Unterschiedliche Arten von Ressourcen

Menschen haben die einmalige Fähigkeit, aus einem Gedanken, einer Tätigkeit und sogar aus einem leblosen Objekt Kraft für sich zu schöpfen. In Bezug auf Resilienz umfasst die Sphäre der Ressourcen alle Kompetenzen, die eine Person entwickelt hat, um sich selbst emotional zu steuern. Dazu gehört die Fähigkeit, Stress abzubauen und den Kopf frei zu bekommen, sich auf- und abzuregen, Gedankenströme in eine Richtung zu lenken, den eigenen emotionalen Status willentlich zu verändern, Probleme zu strukturieren und die eigenen Batterien wieder aufzuladen. Sie umfasst dabei die Summe aller Gedanken, Tätigkeiten und Objekte, die es einem Menschen ermöglichen, sich einem gewünschten emotionalen Zustand anzunähern bzw. eine innere Haltung einzunehmen, um besser mit herausfordernden Situationen umgehen zu können.

Meiner Erkenntnis nach gibt es verschiedene Arten von Ressourcen, die von Person zu Person zudem stark variieren:

- **Wurzeln:** Gedanken, Tätigkeiten und Objekte, die Erdung geben, Kontakt zum eigenen Körper herstellen und aufgestaute Energie abbauen;

- **Flügel:** Gedanken, Tätigkeiten und Objekte, die dabei unterstützen, eine bestimmte Energie oder Haltung aufzubauen und Energie, Kraft und Zuversicht zu bündeln;

- **Tools:** organisatorische Hilfsmittel und administrative Unterstützung, die die eigene Effizienz erhöhen;

- **Energielöcher:** Verhaltensweisen, Menschen und Situationen, die Energie abziehen und uns daran hindern, einen gewünschten inneren Zustand einzunehmen.

Beispiele für Wurzel-Ressourcen		
Gedanken	Tätigkeiten	Objekte
Erinnerungen an positive Momente, z. B. einen Urlaub	Bewegung, z. B. Laufen, oder Yoga	Bilder, die positive Erinnerungen auslösen
Denkrituale, z. B. Fokussierung auf Positives	Wellness, z. B. Sauna	Bestimmte Musik

Beispiele für Wurzel-Ressourcen		
Gedanken	Tätigkeiten	Objekte
Gedankliche Entspannungsübungen	Handwerkliche bzw. körperliche Arbeit	Feuer, z. B. Kerzen
Meditation	Lachen oder Lächeln	Bestimmte gemütliche Kleidung

Beispiele für Flügel-Ressourcen		
Gedanken	Tätigkeiten	Objekte
Visualisierung besonders erfolgreicher Momente	Körperliche Aktivierung, z. B. durch Rennen	Abbildungen, die Ziele, Haltungen oder Glaubenssätzen symbolisieren
Bewusstes Erinnern an positive Glaubenssätze	Rituale, z. B. Texte laut vorlesen	Bestimmte energiegeladene Musik
Bewusstmachen des höheren Ziels, das man erreichen möchte	Energie tanken, z. B. durch genügend Schlaf	Talismane, d. h. Objekte, die eine subjektive positive Bedeutung haben
Reflektieren, was ein reales oder fiktives Vorbild tun würde	Bewusst unterstützendes, positives Umfeld schaffen	Ausgesuchte Kleidung, um sich optimal gewappnet zu fühlen

Tools laden unsere Batterien zwar nicht auf, aber sie sorgen dafür, dass diese nicht so schnell leer werden. Ein Beispiel für solch ein Tool ist das Management von Prioritäten z. B. mit der Eisenhower-Matrix. Es ist erstaunlich, wie viele Führungskräfte heute solche oder ähnliche Modelle zwar kennen, aber nicht beherzigen. Ein weiteres Beispiel für ein Tool ist ein aktives Kalender-Management. Viele Führungskräfte haben ihren elektronischen Kalender offen für jeden, so dass die Aussage »Ich bin nicht Herr meiner eigenen Agenda!« tatsächlich stimmt. Mit Zugriffsbeschränkungen und wiederkehrenden Serienterminen für Sport, Networking, Strategie oder einen Rundum-Check sorgen Sie dafür, dass Sie die Kontrolle behalten und dass Ihre Bedürfnisse nicht zu kurz kommen. Die Königsklasse im Bereich Unterstützungsstrukturen ist natürlich ein gut funktionierendes, umsichtiges und intelligentes Sekretariat.

Welche Hilfsmittel und Unterstützungsstrukturen haben Sie für sich geschaffen? Was ließe sich noch weiter ausbauen?

Die vierte Gruppe an Qualitäten, die wir im Kontext von Ressourcen betrachten, ist der Umgang mit sog. Energiedieben, d.h. Menschen oder Dingen, die uns Energie abziehen und unseren Energiespeicher leerlaufen lassen. Die Ressource besteht hier in der für uns richtigen Strategie zum Umgang mit diesen negativen Einflüssen. Ein Beispiel für Energiediebe sind Menschen mit einer sehr negativen Grundhaltung. Eine Strategie könnte hier die Vermeidung solcher Menschen sein, oder, falls das nicht realistisch ist, die Minimierung des Kontakts. Eine weitere Gruppe von Energieräubern sind Smartphones. Eine Strategie für den Umgang mit diesen Geräten ist es, Zeiten und Orte zu definieren, in und an denen man sie nicht benutzt.

Was sind Ihre Energielöcher? Welche Strategien haben Sie entwickelt, mit ihnen umzugehen?

Hirn-Körper-Achse:
gesunder Körper – starker Geist

Die Annahme, dass Gedanken, Emotionen und körperlicher Zustand voneinander unabhängig sind, ist heute eindeutig widerlegt. Nicht nur beeinflusst die Psyche mit ihren Emotionen und Gedanken über das Gehirn zahlreiche Vorgänge im menschlichen Körper, wie z. B. das Immunsystem und sogar Teile der Erbanlagen. Umgekehrt ist es genauso: Auch der Körper hat Einfluss auf den Gehirnstoffwechsel und damit die seelische Balance und geistige Leistungsfähigkeit, z. B. über Sport oder Meditation.

Wer diese Wechselwirkungen versteht und sie gezielt nutzt, kann entscheidenden Einfluss auf seine innere Widerstandsfähigkeit ausüben. Leider wird diese Erkenntnis nur zögerlich umgesetzt. Das liegt auch daran, dass Menschen in Industrienationen westlicher Prägung dazu neigen, intellektuelle Fähigkeiten einseitig überzubewerten. Dies ist bei Führungskräften besonders deutlich ausgeprägt, da hier vor allem kognitiv orientierte Natur- und Wirtschaftswissenschaftler anzutreffen sind.

Einstellung zum Körper überprüfen

Hand aufs Herz: Fühlen Sie sich wohl in Ihrer Haut? Mögen Sie Ihren Körper? Wissen Sie, wie es Ihrem Körper geht? Viele Menschen haben ein eher schwieriges Verhältnis zu ihrem Körper. So wie sie sind, mögen sie sich oft nicht. Die einen reagieren darauf mit Ignoranz oder Resignation, die anderen entwickeln einen ausgeprägten Körperkult und versuchen sich beständig durch Sport, Diäten und chirurgische Maßnahmen zu optimieren. Ohne unseren Körper sind wir nichts, doch das merken viele erst, wenn er nicht mehr mitmacht. Im Sinne der Resilienz geht es vor allem um eine wertschätzende und annehmende Haltung dem Körper gegenüber. Dazu gehört vor allem die Wahrnehmung körperlicher Signale, des subjektiven Körpergefühls und des körperlichen Energielevels.

- Wahrnehmung der körperlichen Signale: Hier geht es darum, die Signale des Körpers zu registrieren und zu verstehen. Was tut Ihnen gut, was nicht? Nehmen Sie es wahr, wenn Sie hungrig, durstig oder müde sind? Bekommen Sie auch eher flüchtige Empfindungen mit, wie z. B. ein Ziehen im Bauch, feuchte Hände oder einen Kloß im Hals? Was sagen Ihnen diese Signale?

- Körpergefühl: Hier geht es um die innere Stimmigkeit, die Sie in Ihrem Körper empfinden. Fühlt es sich richtig und gut an, in diesem Körper zu sein? Wann haben Sie sich das letzte Mal vollständig wohl in Ihrer Haut gefühlt?

- Level an Energie: Er ist Teil des Körpergefühls und hängt u. a. von Faktoren wie Schlaf und Ernährungsweise ab. Manchmal könnten Sie Bäume ausreißen und manchmal ist Ihnen vielleicht mehr nach einem Tag auf dem Sofa zumute.

Nun ist es nicht so, dass jemand, der ein hohes Energielevel und ein gutes Körpergefühl hat, wie z. B. ein Spitzensportler, automatisch über ein hohes Maß an Resilienz verfügt. Allerdings ist derjenige, der sich wohl und energiegeladen in seinem Körper fühlt, mit großer Wahrscheinlichkeit eher ausgeglichen und kann Stress daher besser verarbeiten.

Doch wann fühlt man sich wohl in seiner Haut? Mit subjektiven Gefühlen ist das so eine Sache, denn sie sind nicht vergleichbar. Um die eigene Wahrnehmung zu kalibrieren, gibt es aus medizinischer Sicht drei leicht zu erfassende Kenngrößen, die das körperliche Energieniveau eines Menschen näherungsweise beschreiben. Dies sind der Ruhepuls, der sog. Body-Mass-Index und die Herzratenvariabilität.

1. Der Ruhepuls ist eine dynamische Kenngröße und macht eine Aussage über die Tagesform. Ein gesunder, untrainierter Erwachsener hat einen Ruhepuls von 50 bis 100 Schlägen pro Minute. Wenn sich Ihr Ruhepuls vor dem morgendlichen Aufstehen im optimalen Korridor bewegt, so ist das eine erste grobe Aussage über den Wirkungsgrad, mit der Ihr Organismus arbeitet. Ein zu hoher Ruhepuls bedeutet, dass der Herzmuskel mehr arbeiten muss als nötig. Ein zu niedriger Ruhepuls kann dagegen ein Zeichen von Erschöpfung sein.

2. Die zweite vergleichsweise statische Kenngröße, ist der sog. Body-Mass-Index (BMI). Er stellt das Körpergewicht in Abhängigkeit von der Körpergröße dar und macht eine Aussage über die aus gesundheitlicher Sicht optimale Körpermasse, das Normal- bzw. Idealgewicht. Auch wenn es keinen direkten Zusammenhang zwischen BMI und dem Maß an indivi-

dueller Resilienz gibt, so gibt es doch einen Zusammenhang zwischen dem eigenen Körpergefühl und dem Maß an innerer Ausgeglichenheit. Viele Menschen erleben ein optimales Körpergefühl, wenn sie sich im Korridor des Normalgewichts bewegen.

Achtsamkeit üben

Einer der Pioniere des Achtsamkeitskonzepts in der westlichen Welt ist der US-amerikanische emeritierte Professor für Medizin Jon Kabat-Zinn. Ende der 1970er Jahre nahm er an einem Retreat des vietnamesischen Buddhisten-Mönches, Autors und spirituellen Lehrers Thich Nhat Hanh in den USA teil. Dort entdeckte er die Wirkungsweise dieser Methode und ihren Nutzen für Menschen, die mit großen Belastungen umgehen müssen, wie z. B. Führungskräfte. Kabat-Zinn übernahm die wesentlichen Konzepte Hanhs, löste sie jedoch von jeglichen religiösen Elementen und strukturierte die Übungen in einem reproduzierbaren achtwöchigen Programm, das seither als Mindfulness Based Stress Reduction (MBSR) zunehmend bekannter wird. MBSR bietet einen pragmatischen Fahrplan für das Erlernen der Meditationspraktiken an, die aus jeweils einer zweieinhalbstündigen Gruppensitzung pro Woche und einem Tag der Achtsamkeit bestehen. Die tägliche Übungszeit beträgt 45 Minuten. Es braucht also durchaus einiges an Energie und Durchhaltevermögen, was sich aber schnell bezahlt macht. Kern von MBSR ist es, durch das Schulen von nicht bewertender Wahrnehmung die automatische Verknüpfung zwischen externer Belastung und Stressreaktion aufzulösen. Das MBSR-Programm ist weltweit standardisiert und enthält u. a. folgende Übungselemente:

- Einübung achtsamer Körperwahrnehmung
- Ausgewählte einfache Körperübungen (Yoga)
- Kennenlernen und Einüben des »Stillen Sitzens« (Sitzmeditation)
- Achtsames Ausführen langsamer Bewegungen (Gehmeditation)
- Spezielle Atemübungen

Ziel der Methode ist es dabei, einen inneren Freiraum und Abstand zu den Problemen in der äußeren Welt zu schaffen. Die Wirksamkeit des Konzepts wurde mittlerweile in vielen Studien nachgewiesen. Es gilt als anerkannt und ist zwischenzeitlich über globale Konzerne zumindest auf der Ebene der Mitarbeiter auch in Deutschland angekommen. Unternehmen wie BMW, Bosch, SAP und Siemens bieten ihren Mitarbeitern in den letzten Jahren MBSR-Kurse an und stellen teilweise sogar eigene Meditationsräume zur Verfügung. Vorreiter waren allerdings, wie so oft, US-amerikanische Unternehmen wie General Mills, Target oder Google, die bereits seit Mitte des letzten Jahrzehntes Meditationsangebote für ihre Mitarbeiter bereitstellen, und das mit großer Nachhaltigkeit. So durchliefen das MBSR-Programm von Google, das den sehr stimmigen Namen »Search inside yourself« trägt, bereits weit mehr als 1.000 Mitarbeiter und Führungskräfte seit seinem Beginn im Jahre 2007. Dabei ist es natürlich von großem Nutzen, dass Topmanager, so z.B. der Medienmogul Rupert Murdoch und der Ford-CEO Bill Ford, öffentlich davon berichten, wie ihnen Achtsamkeit bei der Bewältigung ihrer Aufgaben hilft.

Es ist also an der Zeit, dass sich auch in Deutschland Führungskräfte intensiver mit diesem Konzept auseinandersetzen. Die tägliche Praxis der Achtsamkeit beginnt dabei mit vielen kleinen Schritten. Bei allen Übungen steht die nicht bewertende Wahrnehmung dessen, was gerade im Augenblick passiert, im Vordergrund. Das können Körperempfindungen, Sinneswahrnehmungen, Gedanken oder Emotionen sein. Mit zunehmender Übung lassen sich durch MBSR auch alltägliche Arbeiten mit mehr Bewusstsein und Achtsamkeit ausführen. Ein Prinzip von Achtsamkeit ist es, der Sache, die man gerade tut, jeweils die volle, uneingeschränkte Aufmerksamkeit zukommen zu lassen, so z.B. keine E-Mails während des Essens zu lesen und sich in dieser Zeit auch nicht von Telefonaten unterbrechen zu lassen. Das ist also das exakte Gegenteil von Multitasking. Die MBSR-Methode ist hoch wirksam, genau wie viele andere Formen der Körperarbeit auch. Probieren Sie sie doch einfach mal selbst aus. Entsprechende Kurse finden Sie im Internet, wenn Sie nach »MBSR-Kurs« in Ihrer Stadt suchen.

Authentische Beziehungen: der persönliche Aufsichtsrat

Authentische und vertrauensvolle Beziehungen sind elementar für die Festigung und Verbesserung unserer psychischen Widerstandsfähigkeit. Die meisten Manager ziehen großen Nutzen daraus, sich mit ihresgleichen vertrauensvoll auszutauschen. Sie messen diesen besonderen Beziehungen eine hohe Bedeutsamkeit bei, wenn sie sie erst einmal erlebt haben. In der Forschung werden diese wechselseitigen Beziehungen von Managern auch als Critical Leader Relationships (CLRs) bezeichnet. Eine solche CLR kann beschrieben werden als eine stabile, dauerhafte, vertrauensvolle Beziehung zu einer anderen Person mit dem Ziel der Unterstützung und der Beratung in führungsrelevanten Fragestellungen. Es handelt sich also hier nicht um Freundschaften oder um normales kollegiales Networking. Nigel Nicholson, ein Professor für Organisationsentwicklung an der London Business School, identifizierte gemeinsam mit seiner Kollegin Åsa Björnberg von der London School of Economics in einer Studie die folgenden nutzbringenden Faktoren von CLRs.

Nutzen von CLRs	
Feedback	Offene und ehrliche Rückmeldung zu den Auswirkungen des eigenen Verhaltens
Emotionale Unterstützung	Herzlichkeit, Sympathie, Zutrauen, Bestätigung und Lob, die das Selbstvertrauen im Gegenüber stärken

Nutzen von CLRs	
Konkrete Hilfe	Praktische Unterstützung bei der Lösung konkreter Problemstellungen.
Beratung	Preisgabe von eigenen Erkenntnissen, die für das Gegenüber in Bezug auf Strategien hilfreich sein können
Hinterfragen	Einnehmen eines anderen Standpunktes als Advocatus Diaboli, um die Meinung des anderen infrage zu stellen und dadurch seinen Blickwinkel zu erweitern
Einsicht	Mitteilen der eigenen Weltsicht mit ihren Abhängigkeiten zur Erweiterung des Verständnisses im Gegenüber

In der Regel entstehen CLRs nicht einfach so, sondern müssen aktiv gepflegt werden, was Zeit und Energie kostet. CLRs funktionieren am besten auf Augenhöhe, wenn beide Beteiligten die regelmäßigen informellen Gespräche schätzen und gleichermaßen einen Nutzen daraus ziehen. Aber diese Beziehungen gelingen nicht nur zwischen gleichrangigen Managern. Auch CLRs im Sinne einer Beziehung zwischen »Mentor« und »Mentee« können funktionieren, denn auch hier haben beide Seiten etwas davon. Der Mentor kann seine Erfahrung weitergeben, was seine Eigenreflexion anregt und zudem dem Ego schmeichelt. Der Mentee hat einen erfahrenen Sparringspartner an der Seite, der ihn im Sinne eines wohlwollenden Ratgebers und Advocatus Diaboli hinterfragt.

Entscheidend ist, dass Chemie und Wellenlänge stimmen und dass sich keine vordergründigen oder opportunistischen, sondern vertrauensvolle und authentische Beziehungen entwickeln. Die Zielsetzung dabei ist, dass der Austausch von beiden Seiten als eine Gelegenheit geschätzt wird, sich weitgehend so zeigen zu können, wie man wirklich ist. Keine einfache, aber eine sehr lohnenswerte Aufgabe.

Wie steht es mit Ihnen? Auf welche CLRs können Sie zurückgreifen? Wie vertrauensvoll und lebendig sind diese Beziehungen? Wie oft haben Sie Kontakt? Was wäre erstrebenswert? Was werden Sie tun, um die Qualität und Intensität dieser Beziehungen zu verbessern? Nutzen Sie die folgende Tabelle, um eine Bestandsaufnahme Ihres Beziehungsnetzwerks zu machen und einen Aktionsplan zu entwickeln.

Vertrauensperson (CLR)	Grad des Vertrauens	Wie oft Kontakt? (aktuell)	Wie oft Kontakt gewünscht?	Maßnahmen

Sinn: Stark werden durch die Antwort auf das Warum

Welchen Sinn hat Ihr Leben? Viele Manager haben keine genaue Vorstellung von dem Sinn, den ihr Leben hat oder haben könnte. Nicht wenigen ist das Gespräch darüber bereits ziemlich unangenehm. Und dennoch ist empfundener Sinn die ultimative Quelle von Resilienz. Und auch der Umkehrschluss trifft zu: Fehlender Sinn, also Sinnlosigkeit, ist eine große Gefahr für die eigene Resilienz, die Gesundheit und letztlich auch für das eigene Leben. Die zentrale Frage ist also: »Hat das, was ich tue, haben meine Entscheidungen, hat meine Karriere, mein Leben als Ganzes einen Sinn?«.

Das Erleben von Sinn hat neben äußeren Faktoren, wie dem individuellen Beruf und den eigenen Taten und Unterlassungen, vor allem auch eine innere Komponente, die in der Einstellung des Menschen zum Leben begründet ist. Der Glaube an das Gute, an den Ausgleich oder an eine höhere Instanz hat damit zu tun. Aber auch die Werte eines Menschen und seine Motive zählen hier. Das Erleben von Sinn gibt dem eigenen Handeln Bedeutsamkeit und Ausrichtung sowie das Gefühl von Zugehörigkeit und Stimmigkeit. Sinn stellt nicht das Individuum und sein alleiniges Wohlergehen in den Mittelpunkt des Handelns, sondern vielmehr etwas, das sich richtig und bedeutsam anfühlt und größer ist als jeder Einzelne. Daher ist Sinn auch mit Spiritualität im weiteren Sinne verwandt. Sinn kann sich jeder Mensch nur selbst stiften, auch wenn der Sinn durch unser Umfeld, sei es durch andere Menschen, die uns nahestehen, oder durch die Arbeit, bei der man uns braucht, gefestigt wird. Da es sich bei Sinn im weitesten Sinne um eine Überzeugung handelt, ist diese Komponente der Resilienz in dem Maße veränderbar, wie eine Überzeugung veränderbar ist.

Was also ist Ihr Sinn? Welchen Unterschied werden Sie bewirkt haben, wenn Sie einmal nicht mehr sind? Wird sich Ihre Karriere und der Preis, den Sie dafür bezahlt haben, gelohnt haben? Was möchten Sie als Erbe hinterlassen? Woran sollen die Menschen denken, wenn sie sich an Sie erinnern? Viele Führungskräfte haben keine Antwort auf diese Fragen. Und das, obwohl doch für uns alle das Leben endlich ist. Manager sind gewohnt zu steuern, Einfluss zu nehmen und die Kontrolle zu behalten. Und doch endet unser aller Leben mit einem riesigen Kontrollverlust: dem Tod. Das menschliche Bedürfnis nach Sinn ist ein Geschenk dieser Perspektive.

Einsichten von Sterbenden

Wenn Menschen mit dem Tod konfrontiert sind, haben sie oft einen wesentlich schärferen Blick für die Dinge, die in ihren letzten Wochen und Monaten noch Sinn machen, und die, die eigentlich bedeutungslos sind. Dies sind auch die Erkenntnisse der Australierin Bronny Ware, die mehr als acht Jahre als Privatpflegerin arbeitete und Menschen in den letzten Monaten und Wochen ihres Lebens begleitete. Manche davon bereuten nichts und konnten mit dem nahenden Ende gut umgehen, andere waren bitter und wollten bis zum Schluss nichts davon wissen. Die Themen der Sterbenden ähnelten sich dabei. Ware hat ihre Erkenntnisse in dem Buch »The Top Five Regrets of the Dying« verarbeitet, das zu einem internationalen Bestseller wurde. Die Einsichten der Sterbenden sind in der folgenden Tabelle aufgelistet.

Einsichten von Sterbenden	
Ich wünschte, ich hätte den Mut gehabt, mein eigenes Leben zu leben.	Viele bedauerten, dass sie das Leben geführt hatten, das andere von ihnen erwarteten, nicht aber das Leben, das sie selbst wollten.
Ich wünschte, ich hätte nicht so viel gearbeitet.	Vor allem Männer bedauerten, dass sie ihrer Karriere zu viel Raum gegeben hatten und dafür darauf verzichtet hatten, Zeit mit den Menschen zu verbringen, die ihnen etwas bedeuten.
Ich wünschte, ich hätte den Mut gehabt, meine Gefühle auszudrücken.	Viele berichteten, dass sie selbst ihren engsten Vertrauten nie ihr wahres Ich und ihre Gefühle gezeigt haben. Sie hielten diese zurück aus Angst vor Ablehnung und vor Konflikten. Viele arrangierten sich lieber mit einer sicheren, aber mittelmäßigen Existenz, als ein Risiko einzugehen und zu dem zu werden, was sie hätten sein können.
Ich wünschte mir, ich hätte den Kontakt zu meinen Freunden aufrechterhalten.	Alle Sterbenden vermissten alte Freunde, deren Fährte sie im Laufe des Lebens verloren hatten. Sie bedauerten, nicht mehr Energie in diese Beziehungen investiert zu haben, so dass die Geschäftigkeit des Alltags selbst engste Freundschaften über die Jahre hatte verblassen lassen.

Einsichten von Sterbenden	
Ich wünschte, ich hätte mir erlaubt, glücklicher zu sein.	Viele steckten bis zum Schluss in ihren alten Mustern und Gewohnheiten. Sie realisierten zu spät, dass sie immer eine Wahl gehabt hatten, ihre Komfortzone zu verlassen. Sie bedauerten, dass sie Menschen, die ihnen viel bedeuteten, verloren hatten, weil sie nicht willens gewesen waren, aus ihrer Komfortzone zu treten.

Was gibt Ihnen Sinn?

Tatjana Schnell, Professorin für Persönlichkeitspsychologie an der Universität Innsbruck, hat mit ihrer Arbeit zur wissenschaftlichen, d.h. messbaren Ergründung des Phänomens »Sinn« Pionierarbeit geleistet. Sie entwickelte ein Inventar von fünf wesentlichen Sinndimensionen und 26 dazugehörigen Lebensbedeutungen, um die individuelle Ausprägung von Sinn messbar zu machen. Welche das sind, sehen Sie in der folgenden Tabelle.

Wie steht es mit Ihnen in Bezug auf Sinn? Wofür machen Sie das alles? Was möchten Sie nicht bedauern, wenn sich Ihr Leben einmal dem Ende zuneigen wird? Welche der Lebensbedeutungen in der Übersicht ist für Sie bedeutsam und sinnstiftend?

Sinndimensionen / Lebensbedeutungen	Was daran genau macht dies sinnstiftend für Sie?
1 Orientierung an einem jenseitigen größeren Ganzen	
• Konkrete Religiosität • Abstrakte Spiritualität	
2 Orientierung an einem diesseitigen größeren Ganzen	
• Soziales Engagement • Naturverbundenheit • Selbsterkenntnis • Gesundheit, Fitness • Erschaffen bleibender Werte	
3 Wirgefühl	
• Gemeinschaft • Freude • Liebe • Wellness • Fürsorge • Achtsamkeit • Harmonie	
4 Selbstverwirklichung	
• Bewältigung von Herausforde-rungen • Eigenes Potenzial ausleben • Macht, Gestalten • Entwicklung, Zielstrebigkeit • Leistung, Ziele erreichen • Freiheit, Unabhängigkeit • Wissen, Lernen • Kreativität	
5 Ordnung	
• Tradition • Bodenständigkeit • Moral, Werte • Vernunft	

Menschen neigen dazu, Erfüllung zu empfinden, wenn das, was sie tun, dem entspricht, was sie für sinnvoll halten.

Wie können Sie Ihr Leben stärker an dem ausrichten, was Ihnen Sinn gibt? Welche Maßnahmen wollen Sie beschließen, um dies umzusetzen?

Was verändern Sie?

Die Stanford-Psychologen Howard Friedman und Leslie Martin fanden heraus, dass Menschen, die sich sozial für andere engagieren, dazu neigen, zufriedener zu sein und länger zu leben. Das eigene Glück war hierbei aber stets ein Nebenprodukt und nicht das eigentliche Ziel des sozialen Engagements. Tatsächlich empfinden viele Menschen das Engagement für andere als enorm sinnstiftend. In meinen Workshops bitte ich die Teilnehmer darüber zu reflektieren, welchen Unterschied sie auf verschiedenen Ebenen machen wollen. Das wäre sicherlich auch eine interessante Frage für Sie.

Welchen Unterschied möchten Sie machen in Bezug auf

- **sich selbst?** Beispiel: Ich werde eine bessere Version von mir selbst.
- **Ihren »Inner Circle«?** Beispiel: Ich bin für meinen Partner/die Kinder Stütze und Vorbild.
- **Ihren »Outer Circle«?** Beispiel: Ich inspiriere meine Kollegen und unterstütze meine Mitarbeiter in deren Weiterentwicklung.
- **die Welt?** Beispiel: Ich baue ein Unternehmen auf/entwickle ein Unternehmen weiter.

Die Erfolgsformel

Dieses Buch handelt von den Spielregeln des Erfolgs. Was macht nun also Erfolg aus? Nun, Formeln sind zwar nicht jedermanns Sache, aber zumindest bringen sie die Dinge auf den Punkt. Basierend auf den bisherigen Erkenntnissen, stelle ich die These auf, dass sich dauerhafter beruflicher Erfolg gemäß der Logik der folgenden Formel verhält:

$$\text{Erfolg} = \left(\frac{\text{Fähigkeiten} \times \text{Hingabe} \times \text{Resilienz}}{\text{Derailer}} \right)^{\text{Passung}}$$

Hier die genaue Bedeutung, die ich dabei den einzelnen Faktoren zumesse:

- **Fähigkeiten:** Wie bereits gezeigt, sind hier vor allem interpersonelle Fähigkeiten von zentraler Bedeutung. Aber natürlich spielen auch professionelle Fähigkeiten sowie einschlägige Erfahrungen und Fachwissen eine große Rolle. Auch ein überdurchschnittliches Maß an Intelligenz gehört dazu, wobei ab einem bestimmten Level ein Mehr nicht immer unbedingt besser ist.

- **Hingabe:** Die Begeisterung für die eigene Sache ist ebenfalls fundamental wichtig, denn sie steuert die Motivation, den Arbeitseinsatz und das Erschaffen von Gelegenheiten, wo andere keine sehen.

- **Resilienz:** Wenn Sie nicht in der Lage sind, Rückschläge, Misserfolge und Durststrecken zu überstehen, bringen Sie Fähigkeiten und Hingabe nicht weit. Auf dem Weg zum Erfolg werden unweigerlich Krisen und Kritiker auftauchen. Diese Anfeindungen müssen konstruktiv verarbeitet werden. Je resilienter Sie sind, desto besser gelingt das. Ein Teil unserer Resilienz ist angeboren, der weitaus größere Rest kann und muss erlernt werden.

- **Derailer:** Bestimmte destruktive Persönlichkeitseigenschaften, die vor allem unter großem Druck auftreten, haben das Potenzial, Karrieren zum Straucheln zu bringen, wenn sie nicht durch ein entsprechendes Selbstmanagement in Schach gehalten werden. Zu den Derailern gehören z. B. übermäßige Arroganz oder übergroßes Misstrauen anderen gegenüber. Je stärker diese Derailer das beobachtbare Verhalten bestimmen, desto eher behindern sie den langfristigen Erfolg.

- **Passung:** Ein Pinguin ist nicht erfolgreich, wenn es ums Fliegen geht. In seinem Element, dem Wasser, ist er dagegen kaum zu schlagen. Es kommt also vor allem auf die Passung an, z. B. zum Umfeld, in dem man sich bewegt. Ein charismatischer Visionär mag mit dem richtigen Team als Unternehmer sehr erfolgreich sein. Als in einem Konzern angestellter Manager, der sich den Weg durch die Instanzen versucht zu bahnen, wird er hingegen sicherlich scheitern. Aber auch die Passung zu den eigenen Werten und zu dem, was das Umfeld, also z. B. der Markt oder das eigenen Unternehmen, braucht, sind von großer Wichtigkeit.

Literatur

Dotlich/Cairo: Why CEOs Fail; Wiley & Sons 2003.

Drath: Resilienz in der Unternehmensführung; Haufe 2016.

Hogan: Management Derailment; APA 2009.

Reimer/Schäffer: WHU Vorstandsstudie; WHU 2015.

Segal: Getting There; Abrams 2015.

Sonnenfeld/Ward: Firing Back; HBR 2007.

Verfürth/Debnar-Daumler: Auf der Überholspur ausgebremst; Rundstedt 2015.

Zenger/Folkman; Ten Fatal Flaws That Derail Leaders; HBR 2009.

Stichwortverzeichnis

Impressum

Bibliografische Information der Deutschen Nationalbibliothek
Die Deutsche Nationalbibliothek verzeichnet diese Publikation in der Deutschen
Nationalbibliografie; detaillierte bibliografische Daten sind im Internet über
http://dnb.dnb.de abrufbar.

Print: ISBN: 978-3-648-09007-7 Bestell-Nr.: 10721-0001
ePub: ISBN: 978-3-648-09008-4 Bestell-Nr.: 10721-0100
ePDF: ISBN: 978-3-648-09009-1 Bestell-Nr.: 10721-0150

Karsten Drath
Spielregeln des Erfolgs – Wie Führungskräfte an Rückschlägen wachsen
1. Auflage 2016, Freiburg

© 2016, Haufe-Lexware GmbH & Co. KG, Munzinger Straße 9, 79111 Freiburg
Redaktionsanschrift: Fraunhoferstraße 5, 82152 Planegg/München
Telefon: (089) 895 17-0
Telefax: (089) 895 17-290
Internet: www.haufe.de
E-Mail: online@haufe.de
Redaktion: Jürgen Fischer
Redaktionsassistenz: Christine Rüber

Konzeption, Realisation und Lektorat: Nicole Jähnichen, www.textundwerk.de
Satz und Druck: Beltz Bad Langensalza GmbH, Bad Langensalza
Umschlag: Kienle gestaltet, Stuttgart

Der Autor

Karsten Drath ist Unternehmer, Coach, Autor und Referent. Seine Passion sind die Themen Lernen und Entwicklung. Er ist Managing Partner von Leadership Choices, einer europäischen Unternehmensberatung mit Partnern in sechs Ländern, die sich auf Executives und ihre Teams spezialisiert hat und Führungskräfte in ihrer persönlichen und professionellen Entwicklung unterstützt. Er war in seinem Leben bereits Schreiner, Ökonom, Unternehmensberater, Manager, Unternehmer, Coach und Psychotherapeut. Nach 16 Jahren Tätigkeit als Manager in internationalen Industriekonzernen und Unternehmensberatungen arbeitet er heute als Executive Coach international mit Topmanagern und ihren Teams u. a. an der Verbesserung ihrer Resilienz. Er lebt mit seiner Patchwork-Familie in der Nähe von Heidelberg. Kontakt: karsten.drath@leadership-choices.com

Weitere Literatur

»Coaching-Techniken«, von Karsten Drath, 128 Seiten, EUR 7,95, ISBN 978-3-648-05745-2, Bestell-Nr.: 10104

»Coaching und seine Wurzeln«, von Karsten Drath, 589 Seiten, EUR 59,00, ISBN 978-3-648-03108-7, Bestell-Nr.: 01338

»Resilienz in der Unternehmensführung«, von Karsten Drath, 448 Seiten, ISBN 978-3-648-08183-9, Bestell-Nr.: 01069

Wissen to go!

TaschenGuides.
Schneller schlauer.

Kompetent, praktisch und unschlagbar günstig.
Mit den TaschenGuides erhalten Sie
kompaktes Wissen, das Sie überall begleitet –
im Beruf und im Alltag.

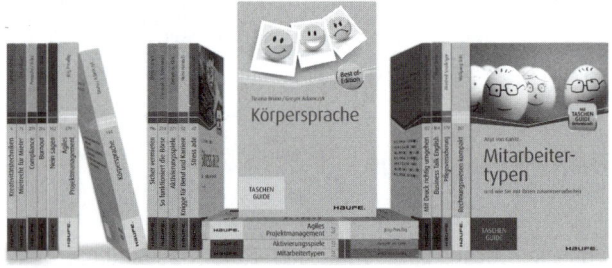

Mehr Informationen zu den TaschenGuides
finden Sie auf www.taschenguide.de
und auf www.facebook.com/Erfolgreich

Jetzt bestellen!

www.haufe.de/shop (Bestellung versandkostenfrei)
oder in Ihrer Buchhandlung